尽　善　尽　美　　　　弗　求　弗　迪

All In The Mind

Psychology For The Curious (3e)

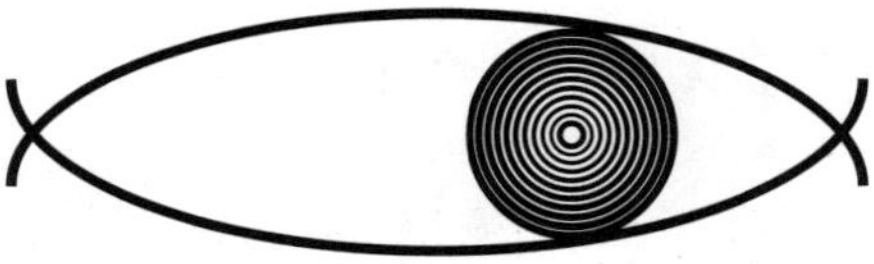

聊聊稀奇古怪的心理学

(Adrian Furnham) (Dimitrios Tsivrikos)
[英] 亚德里安 · 弗海姆　迪米特里奥斯 · 蒂维利克斯　著

诸葛雯　译

電子工業出版社
Publishing House of Electronics Industry
北京 • BEIJING

版权贸易合同登记号　图字：01-2017-0686

图书在版编目（CIP）数据

聊聊稀奇古怪的心理学 /（英）亚德里安·弗海姆（Adrian Furnham），（英）迪米特里奥斯·蒂维利克斯（Dimitrios Tsivrikos）著；诸葛雯译．—北京：电子工业出版社，2020.6
书名原文：All In The Mind: Psychology For The Curious（3e）
ISBN 978-7-121-35497-7

Ⅰ．①聊…　Ⅱ．①亚…②迪…③诸…　Ⅲ．①好奇心－个性心理学　Ⅳ．① B848.3

中国版本图书馆 CIP 数据核字（2019）第 007178 号

责任编辑：杨　雯
印　　刷：三河市鑫金马印装有限公司
装　　订：三河市鑫金马印装有限公司
出版发行：电子工业出版社
　　　　　北京市海淀区万寿路 173 信箱　　邮编：100036
开　　本：720×1000　1/16　　印张：17.25　　字数：276 千字
版　　次：2020 年 6 月第 1 版（原书第 3 版）
印　　次：2020 年 6 月第 1 次印刷
定　　价：55.00 元

凡所购买电子工业出版社图书有缺损问题，请向购买书店调换。若书店售缺，请与本社发行部联系，联系及邮购电话：（010）88254888，88258888。
质量投诉请发邮件至 zlts@phei.com.cn，盗版侵权举报请发邮件至 dbqq@phei.com.cn。
本书咨询联系方式：（010）57565890，meidipub@phei.com.cn。

All In The Mind:
Psychology For The Curious

每章概要

1. 第 1 章，导论：大众的心理学观念。本章篇幅简短、内容丰富。它撇开专业术语，向我们介绍了心理学的历史，旨在阐明与心理学及心理理论化相关的一些主要的误解。

2. 第 2 章，“揭秘”误区与心理现实。本章探讨了与日常心理学相关的大量话题，以及大众对心理学的描述或感知，涵盖了大脑的运作方式、现今所用的一些心理疗法及其实际效果等多项主题。本章寓教于乐，观点中肯公正。

3. 第 3 章，塑造心理学历史与发展的人物与时间。大约 150 年来，具有不同背景并在不同领域接受训练的心理学家研究了从记忆到婚配、从人格到偏见等各类心理学主题。本章总结了杰出心理学家的一些关键著作，并展示了这些著作对社会的影响。本章以幽默生动、易于理解的方式介绍了这些信息。

4. 第 4 章，科学、伪科学与阴谋论。本章极为实用，它探讨了人们究竟如何感知科学，以及如何在心理学的范围内发挥作用等本质问题。科学与科幻小说之间的这种联系为我们创造了一个良好的平台，让我们能够探索心理学究竟可以怎样帮助我们调查那些在社会与媒体中广为流传的阴谋论。

5. 第 5 章，*弗洛伊德其人*。毫无疑问，有史以来最为知名的精神病学家就是西格蒙德·弗洛伊德。直到今天，他依然是被引次数最多的心理学家或精神病学家，他极大地塑造了 20 世纪与 21 世纪人们对自我的认识。本章所提供的视角可以帮助我们洞悉那些塑造了心理学的关键思想。

6. 第 6 章，*变态心理学指南*。本章旨在帮助读者了解精神疾病的根源、发展与治疗方式。这仍是一个重要且具有争议的领域，众说纷纭，错误认识层出不穷。本章涵盖了精神分裂症与心理变态等主题，收录了一些可以帮助初学者了解心理学家如何使用各种诊断工具来诊断并治疗心理健康问题的关键研究。

7. 第 7 章，*心理学与工作*。对于在职人士而言，一天当中有三分之一的时间（24 小时中有 8 小时）是在工作。工作是我们生活的中心，因此引发了心理学家极大的兴趣。本章探讨了如何运用心理学帮助我们开发员工潜力并对他们进行管理。我们将研究压力、职业倦怠，以及人们也许会在工作中面临的其他关键话题与情形。

8. 第 8 章，*外貌重要吗*。这是一个重要问题，不仅因为它可以使我们对魅力所产生的社会影响力进行更加生动的审视，而且因为它是一个有关身体意象与身体自尊的问题。本章旨在探索哪些品质与特征能够最好地解释人际吸引，也就是说，人与人之间为何会相互吸引。

9. 第 9 章，*判断与推动*。心理学家一直对人们究竟是如何做出决定的这个问题深感兴趣。经济学家的许多理论都以讲求逻辑、具有理性的人为基础，但是心理学家不同，他们痴迷于人的反理性与非理性。心理学已经研究了大量人人都容易产生的认知偏差。这是人们在日常思维中会犯的“错误”。本章探究了此类错误，并在如何改善决策过程这一问题上提供了一些秘诀。

10. 第 10 章，*市场中的心理学家*。消费者心理学旨在研究为了满足欲望与需求，处于个人及社会因素影响下的消费者会如何做出购买、消费与处置商品的决定。消费者心理学的发展反映了 19 世纪末与 20 世纪初西方在广告业与商业上的发展。出于这种兴趣，我们探索了个人如何就与其消费内容相关的问题做出决定，以及营销和广告可能会对市场选择施加的真正影响。

All In The Mind:
Psychology For The Curious

前 言

报纸与博客中有着大量对心理学的报道，人们对心理学的兴趣可见一斑。每天都会出现一则重要的新闻报道，告诉我们心理学的某个分支，尤其是神经科学，出现了哪些有趣但又往往有悖常理的新发现。与心理学相关的书籍十分畅销。

本书既不是教科书，也非专业主题书籍。它是为充满好奇心的人所写的。所选话题皆为我们感兴趣的内容……希望读者也能有这种感受。从这个意义上来说，这是一本古怪的书。我们相信此类书鲜有竞争对手……为此，我们感到十分高兴。

我们试图令本书既彰显出学术气息，又保证内容的可读性。

亚德里安、迪米特里奥斯

致 谢

我们要感谢一些研究助理。过去两年半以来，每年都会有一名来自巴斯的实习生充当我们的研究助理。除了极少数特例外，对我们而言，他们都是一笔宝贵的财富：聪明、好奇、懂电脑；快乐、诚实、很勤奋；而且他们也都是有趣的人。我们经常要求他们查资料、评论我们所写的东西、将研究结果编制成表格等。他们（显然）满怀热情地迅速完成了任务。对此，我们深表感激。他们的许多努力成果都被写进了这本书中。按照倒序（即最近与我们合作的人排在最前面），他们依次是：卢克・特雷格敦、奥利维亚・内特尔顿、威尔・里奇、丽贝卡・米尔纳，以及凯特・特尔福德。

尤其要感谢施特恩・贾克斯与维纶・斯瓦米。贾克斯为第 3 章中出现的两本书撰写了精彩的摘要，而斯瓦米则为讲述魅力的那一章做出了巨大贡献。

亚德里安、迪米特里奥斯

All In The Mind: Psychology For The Curious

关于心理学的一些古怪语录

如果父母必须先咨询心理学家，然后才敢与自己的孩子说话，那么这个社会一定出现了问题。

巴兰（Balaam）

所有去看精神病医生的人都应该检查一下自己的脑子。

山姆·高德温（Sam Goldwyn）

许多从事“精神分析”这一职业的人，全都是为了克服自己的神经官能症。

埃内斯特·琼斯教授（Professor Ernest Jones）

因为如实回答了一位部队精神科医生所提出的问题，人们便认定费曼教授已经神经错乱了。

斯图尔特·萨瑟兰（Stuart Sutherland）

心理学的任务就是告诉我们，人们的内心究竟在想些什么。它无法告诉我们这些信念究竟是真是假。

黑斯廷斯·拉什道尔（Hastings Rashdall）

这十年来心理个体们深受焦虑与烦恼的困扰，只想寻求“内心的平静”。这似乎是应对生活压力的最好方式。出于一种病态的需求，我们想要填补内心的空虚。由于自我意识不够，我们必须在别人身上见到自己的影子，才能不断地再次确定自己的存在。

桑巴尔·科恩（Sambar Cohen）

心理学之所以能够普及并具备说服力，在很大程度上是因为它是一种升华的唯心论：用表面上看起来极其科学且非宗教的方式来肯定“精神”先于物质。

苏珊·桑塔格（Susan Sontag）

没有什么心理学；只存在传记与自传。

托马斯·萨斯（Thomas Szasz）

精神病学家是新型僧侣，他们的办公室是世俗的修道院，心存愧疚、怀有罪孽、心烦意乱的人们可以一面扶墙痛哭，一面寻求赦免。

亚历山大·瑟鲁（Alexander Theroux）

我没有精神科医生，也不需要精神科医生。原因很简单，在听了我的长篇大论之后，他可能会患上心理疾病。

詹姆斯·瑟伯（James Thurber）

无论你用何种方法将蓖麻油灌进肚里，都不会影响它的疗效。但是精神疗法不同，如果你强迫一位不合作的病人接受精神疗法，它就会完全失去效果。

阿比盖尔·范布伦（Abigail van Buren）

心理学就像是养猪，了解相关原则，即科学是一回事；有本事运用这些原则，又完全是另外一回事。

威廉·格洛弗（William Glover）

心理学能否算作一门自然科学，或者说它究竟能否被视作一门科学？这个问题仍然有待商榷。

伊万·巴甫洛夫（Ivan Pavlov）

魔术师从帽子里变出兔子。心理学家则从老鼠身上找出习惯！

佚名

心理学的世界包含外貌、语气与感受；它是黑暗与光明、喧闹与沉默、粗糙与光滑的世界；它时大时小，每一位在成年后重返童年小屋的人都会产生这种体会；它时长时短，并非一成不变。它包含了通常被认为是由大脑所产生的一切想法、情感、记忆、想象与意志。

爱德华·铁钦纳（E.B.Titchener）

心理学是一门科学，但是这门科学只不过是将常识精确化罢了。

E.S. 沃特豪斯（E.S.Waterhouse）

心理学不是一门年轻的科学；它不过是一门晦涩难懂的科学而已。

J.C. 马歇尔（J.C.Marshall）

精神科医生（名词）：拥有一张沙发，并且会因为你躺在他的沙发上而向你收费的人。

埃德温·布罗克（Edwin Brock）

精神病学（名词）：每小时花 50 美元来向人透露自己至亲的秘密。

迈克·康奈利（Mike Connolly）

精神分析（名词）：它声称可以治愈的疾病。

卡尔·克劳斯（Karl Kraus）

心理学家（名词）：当一位美女走进房间之后，目光扫向其他人的男人。

佚名

精神变态者（名词）：住在象牙塔，却在城垛上流口水的人。

弗里兹·雷伯（Fritz Leiber）

All In The Mind: Psychology For The Curious

目 录

第 1 章

导论：大众的心理学观念

1.1
引言

心理学是一门仅有 140 年历史的新兴学科。19 世纪 80 年代，心理学在德国正式“诞生”。随着新方法与新发现的不断涌现，我们对大脑的运行机制、特定行事方式背后的缘由，以及人类不幸福感的根源等问题的了解已日渐深入。事实上，神经系统科学、统计学，以及数据采集技术的发展已使得某些心理学领域的重大发现呼之欲出。

心理学研究者常说，心理学会带给你顿悟般的体验，让你情不自禁地“啊哈”一声惊呼出来。“啊哈”所传达的是伴随着深刻见解而来的充满惊讶的喜悦感。每当心理学为那些看似古怪或荒谬的行为做出解释时，这种顿悟之感便会油然而生：为何人们喜欢在沮丧时掏钱消费；为何厌食症患者会让自己忍饥挨饿；为何聪明的脑袋会做出愚蠢的决策。

心理学为我们提供了丰富的词汇来描述与解释人类行为。消极攻击、强迫性神经官能症，以及自我实现等心理学术语已为许多人所熟识。

有一则关于“心理呓语”（psychobabble）的笑话。心理呓语指的是误用或滥用心理学语言及概念，不过这种现象多半仅会出现在流行媒体上，而且使用者均非心理学家。有些心理学理论有违常理——也就是说，不少理论与我们的常识并不相符。一些理论合乎常理，但也有一些并非如此。无论如何，众多怀疑论者与一些玩世不恭者仍然坚持认为，实际上，心理学领域的一切发现都不过是某种形式的常识罢了。

多数心理学家认为，科学实验与观察是发现人性现实的一种方式，可门外汉们在评价他人时根本不会使用科学依据。许多人对世代相传却未经证实的迷信观念与古老信仰深信不疑。

1.2
大众对心理学一无所知

尽管媒体极其关注心理问题，但大众对该领域却依旧所知甚少，这种现象着实有些自相矛盾。当然，他们似乎无法独立评价诸如笔迹学、心灵感应、潜意识广告之类的众多伪科学所做的断言。人们依旧对大众心理学存有许多误解，即便有数量众多的证据与这些谣言相左。这其中便包括："发泄怒火胜过压抑愤怒"；"缺乏自尊心几乎是一切心理问题的根源"；"人格类型相反的人会相互吸引"；等。

幸运的是，有证据表明，只要学习了心理学课程，相信谬言与错觉的可能性就会降低，同时，人们在思考时也更具批判性与怀疑精神。

许多心理学研究关注的领域非常具体，以期能够借此揭开错误观点泛滥的原因。因此，阿莫特（Aamodt，2008）对犯罪心理学展开了研究并由此得出结论：误区成因众多。

大众之所以会对心理学表现出愚昧无知，原因有三：

1. 媒体。很多媒体在提及科学时往往偏爱使用博人眼球的字眼而非客观如实的报道。此外，它们信奉"百花齐放"与"无所不为"的哲学观，将娱乐而非教育视作自己的目标。

2. 伪科学。一些能够创造出数百万美元价值的行业背后暗藏着大量伪科学与造假的研究，只有始终确保大众对他们宣称的内容知之甚少，不让人们发现他们的行为具有欺诈性，他们才有可能获益。

3. 心理学家。当他们在媒体上露面时，总会被劝诱着说一些"性感、简短的言论"而非实用的解释。如果他们坚持要做出解释，节目播出时也会将这一段剪辑掉。

因此，呈现在门外汉面前的是混乱、矛盾、夸张、不完整且幼稚的研究结果与理论。难怪有人觉得心理学要么就是常识，要么就是见仁见智的问题。

在街上拦下 100 位行人，请他们说出自己听说过的心理学家的名字。很可能 90% 的人会提到弗洛伊德，大约 1/3 的人会说起荣格。如果请他们说出一位依旧健在的心理学家的名字，大约只有 5% 的人能够答得上来。这令现代心理学家甚为恼火，因为尽管弗洛伊德的深刻见解、直觉以及学识给许多人留下了深刻印象，但是他们未曾见到精神分析的任何发展，而且对完全依赖临床访谈的这种方式存有怀疑。更重要的是，许多人与这个完全回避经验证伪的、自命不凡的领域根本没有交集。

许多人并不清楚心理学家、精神科医生、精神分析学家，以及精神病学社会工作者之间的区别。一些人会使用“神经病医生”（shrink）、“看脑子坏掉的人的医生”（head doctor）甚至是“心理治疗师”（psycho-the-rapist）等俚语（Gadon & Johnson，2009）。大众对心理学的认识存在误区，可能的原因在图 1.1 中进行了总结。

发展心理学家可以进入教育部门；社会心理学家与组织心理学家在商学院中也会感觉更加快乐；生理心理学家能够在生物系里愉快工作；甚至临床心理学家也能被精神科医生接纳。门外汉们往往认为心理学不过就是临床心理学或是一门以助人为主要目的的学科，因此，他们很难正确理解心理学。

> 心理学是一门极为多样化的学科，甚至可以说，任意两位心理学家之间都不存在共同之处。心理学是一众列岛而非一座孤岛。有人认为，这些岛屿之间的距离正在日渐增大，终有一天，列岛体系将会崩溃。

研究人类行为的学科有很多——社会学、经济学、人类学、历史学等，但是心理学之所以能够独树一帜，主要得益于它的研究范围与方法。从微观到宏观，心理学涵盖了所有人类（及非人类）行为。

再有，心理学家用科学方法论来测试自己的理论。它以数据为基础，是对行为展开的科学研究。它是一门年轻的科学，其发展记录毁誉参半。正如斯坦诺维奇（Stanovich，1998）指出的那样，心理学是一门极其多样化的学科，涵盖了相互之间缺乏共同内容关联的一系列科目。相反，统一这门学科的是它使用科学的方法来理解行为。科学的方法并非一套严格的规则；相反，它由一些通则所构成。如图 1.2 展示了三项最重要的通则。

出于各种原因，心理学在人们的心中依旧形象不佳（Stanovich，1998）。其中包括：

- 连坐。由于心理学家一直热衷于验证各种伪科学（千里眼、灵力治疗）的各种说法，人们便将心理学与这些内容联系到了一起！心理学家陷入了困境之中：如果由于害怕被混淆而拒绝研究某些问题，那就不是真正的科学家。但是如果他们客观公正地进行研究并且揭示出伪科学家们所写的全是废话，那么这种连坐也有可能坐实了心理学本身就是一门伪科学的论断。
- 将精神疗法商业化的自助书籍营造出一种关于心理学的目的、方法与知识的不准确的印象。这类书以生动但不具代表性的案例研究、代言，以及神乎其神的个人证言为特征。此外，它们所传播的是一种“菜谱”般的知识——手把手地教给你各项步骤，但从不解释为何这些步骤能起作用。

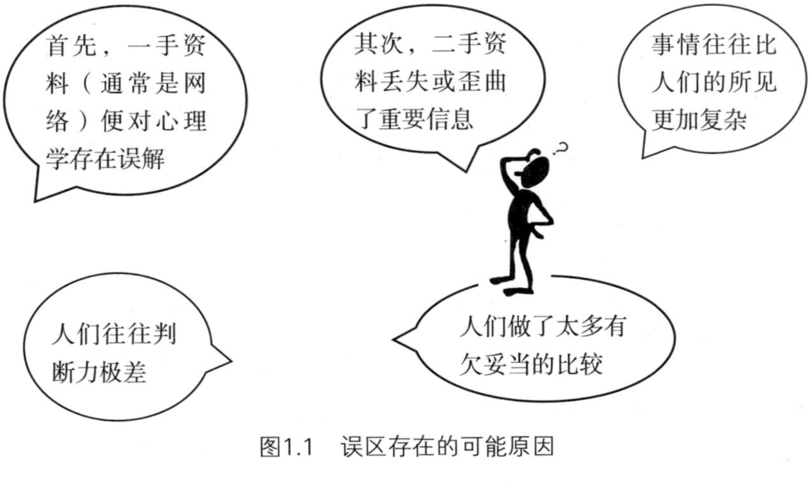

图1.1　误区存在的可能原因

（1）科学采用经验主义的研究方法

（2）科学以获得可以公开验证的知识为目标

（3）科学所寻求的问题可以利用经验加以解决，并且能够产生经得起检验的理论……通过同行评审等程序，以及反复试验这类机制，科学将知识大众化

图1.2　科学的通则

- 媒体心理学家是一种自封的称号，在学术同行中声名狼藉。由于很多媒体偏爱新闻、戏剧化及必然的事，他们就对这些内容而非事实做出回应。此外，尽管电视、广播与严肃报纸聘请了在物理、经济、医学等领域中训练有素的作家，它们却并未聘用任何接受过训练的心理学家。同样，心理学家也常常陷入困境：当他们拒绝或未能为复杂问题给出夸夸其谈的简单答案时，就会遭到批评、被人贬低，可一旦真这样做了，又会让人产生误解。
- 人们对“心理学家”和“心理学”这两个术语的使用往往十分随意。生理心理学家的工作常被误认为是生物学；认知心理学被当成了计算机科学或工效学；健康心理学则被误认为医学。因此，在公众眼中，心理学被简化成了咨询与临床心理学。
- 对心理学本身抱有不科学的态度。我们也可以公正地指责心理学家举止不专业、思路不清晰。此外，较之科学行为，专业机构更关心颁发特许证书与从业许可。它们看起来更像是工会而非科研团体。因此，严谨的心理学家与依靠猜测的伪科学评论员并肩而坐。
- 人人都是心理学家。有些人认为自己对于人性有着更为深刻、更加敏锐的特别洞察力。
- 最后，有人认为，心理学会削弱或抹去心理学中人性的光辉。之所以会出现这种道德或形而上学层面的反对之声，主要是人们认为试图揭示基本机制与程序会降低我们对人类行为的疑惑与好奇。

1.3
应对学生对心理学所持的怀疑态度

利连恩费德（Lilienfeld，2012）为真正对心理学产生怀疑的人们提出了一些有益的建议。“你现在正在分析我吗？”学生与外行人士会向心理学家提出这样的问题。许多学生与外行人士都认为，无论何时，心理学都只是弗洛伊德式的分析。调查显示，大众认为心理学的研究领域不属于科学的范畴。上课第一天，多数学生的脑子里装满了关于心理学究竟为何物的多种误解与信念。利连恩费德（Lilienfeld，2012）提出了一些用以应对其中一些错误言论的方法。

误区1：心理学不过只是常识而已

- 上课第一天，学生们就会形成大量直观、明显的想法：异性相吸；我们只使用了10%的大脑；直觉往往是正确的。然而，所有这些断言都存在谬误——或者，充其量也只能获得极其微弱的证据支撑。

  冲破常识误区

- 那么，如何拆穿这类谬误呢？向学生展示与这些观点相悖的研究。向他们介绍后视偏差（hindsight bias），即一旦知道结果，便会认为该结果是可以预见的倾向。一旦我们了解到一项心理学发现，它就会突然变得不言而喻。

误区2：心理学不是一门真正的科学

- 学生们认为，心理学这门学科无法与“硬科学”相媲美。因此，它的科学性大为降低！为何学生们会这样认为？由于“硬科学”采用了诸如电压或化学水平之类的客观测量方法，从而使自我报告看起来像是有缺陷的主观假象，比如记忆偏差。人们认为，真正的科学应该是通过严格的研究设计来定义的。学生们认为心理学的可复制性无法与“硬科学”相媲美。

冲破软科学误区

- 向学生们指出，主观性并不等同于不科学。充足的数据和研究均能证明自我报告的有效性。
- 讨论心理学如何防范人类的错误。指出心理学各领域通常使用随机对照组进行单盲或双盲研究。从多重回归到结构建模，心理学同样有赖于复杂的统计方法。
- 人们也许夸大了心理学所缺少的可复制性。赫奇斯（Hedges，1987）发现，粒子物理学的研究结果不见得比心理学的成果更具可复制性。心理学领域也存在一些更为活跃的学者，他们利用自己研究结果的可复制性来解决潜在的问题。

误区3：心理学对社会无益

- 尽管教师做出了努力，但是仍有学生未能明白心理学在日常生活中如何应用。生物学在健康中的作用似乎显而易见。工程学在桥梁建设中的作用不言而喻。由于多数学生并不清楚心理学广大的覆盖面，他们便认为它无法起到明显的作用。

在社会中争得一席之地

- 从你所了解的众多实际应用中，选择一些能令学生产生共鸣的例子。人们用心理学来规范高考、研究生入学考试，以及企业的人才选拔测试。感知研究者利用其所在领域的研究来提高车辆及其他设备的安全性。认知心理学家用启发法来影响营销、谈判与销售。

- 心理学其实尚未在科学领域获得认可。社会科学一直被视作“软科学”。尽管心理学家常常在自己的理论中强调实证性与可检验性的重要性，但是心理学依然未能获得诺贝尔奖的认可。2002年，心理学家丹尼尔·卡尼曼（Daniel Kahneman）因其在决策领域的研究而获得诺贝尔奖。尽管这些研究主要都是心理学领域的研究，但是他所获得的却是经济学领域的奖项。

误区4：心理学家与精神治疗师无异

- 多数学生及家长在心理学家与精神治疗师之间画上了等号。在一项研究中，学生们估计56%的心理医生拥有私人诊所，而实际这一比例只有39%。
- 一部分问题在于，人们将心理学家与其他“助人”的专业人士混为一谈。

从沙发上认识一位教练

- 请注意，娱乐传媒对心理学家的报道存在误导性。许多电影交替使用心理学家与精神病学家这两个术语。
- 分享不同心理学分支所扮演的不同角色。

误区5：心理学相当无用——它无法做出良好的预测

- 如果学生在疯狂地喊出问题之后却只能得到“看情况”这样的答案，他们自然会心生畏缩。他们可能会大受挫折，认定心理学研究无法做出明确的预测。如果研究预测的方差百分比极小或相关系数低于r =0.30时，他们也会觉得心灰意冷。显然，他们会达成一种共识，即心理学不够强大，无法良好地对行为做出预测。

- 提醒学生，心理学的“因果密度”极高，甚至远超其他“硬科学”！
- 统计相关性往往与语境有关。例如，离婚与其对儿童所产生的消极结果之间的关系视大量变量而定。因此，几乎不太可能将某个固定的数值应用到这一预测上。
- 这种不完整的根源是缓和变量的绝对数量，以及我们对其所造成的影响缺乏了解。

误区6：心理学相当无用——每个人都独一无二，因此它怎能预测行为

- 从步入小学到进入职场，我们不断被告知我们是独特且独一无二的个体。因此，学生们现在便认为，心理学无法得出有意义的归纳性结论。例如，如果患有抑郁症的人都略有不同，如何才能概括出有效的、基本的且普遍的疗法？

独特性的谬误

- 心理学家理解并重视生物的独特性。心理学的目的就是解密人类的思想与行为，以期生成适用于多数人的理论和模型。心理学家开发出各种研究方法来审视个体差异。例如，针对性别、年龄、种族和文化差异的研究无疑证明了心理学家在评估人类独特性方面所做的努力。
- 现实情况是唯一变量也许与疗法的基本机理无关。用一个生动的例子来揭穿这个谣言：所有的黑色素瘤病例均独一无二，但90%的患者都可以通过早期手术治愈。这同样适用于精神疾病的诊断。并不是说处于某一类别下的所有个体均具有相似性，而是说他们在某个重要方面类似：构成该类别的核心指标与症状。

一般教学提示

- 承认并讲解怀疑的根本来源。心理学的历史就是以试图改变误解为特

征。但是仍有大量工作有待完成！

部分原因是学生接触了：

- 鲜有依据支撑或完全不准确的通俗心理学，特别源于非专业人士撰文的大众杂志。
- 媒体与文化对心理学的刻画存在谬误，从而使心理学的“门面”变成了菲尔·麦格劳博士①（“菲尔博士”）之流的名人。
- 大量未经严格科学检验的自助书籍，它们提出的主张已远超数据所能支持的范围。

教师的作用：

- 教师在帮助学生了解心理学的科学性这一方面起着重要作用。许多误解均属于我们可能会称作“可以理解的误解（understandable misunderstandings）”范畴。教师必须做好准备，承认学生所持有的怀疑态度具备可以理解的缘由，并迎面加以解决。

> 由于心理学是日常生活的一部分，并且在主观上与我们“密切相关”，它很容易看起来很明显。但是我们绝对不能将熟稔与真正的理解混为一谈！

1.4 心理学与控制

心理学家在媒体与军事机构中工作。广告公司、行政部门及其他一些打算大肆宣传的组织会聘请他们。心理学是否就是控制他人？战争让心理学家

① 心理学博士、热门节目《菲尔博士脱口秀》主持人。他曾表示：“我在节目中的所作所为并不是心理治疗，而只是娱乐。”——译者注。

参与其中。随着大规模征兵的展开，心理学家深入参与了选拔、培训、工效学设计、福利，以及对军人与平民的诊治之中。自第二次世界大战（1939—1945）以来，心理学家研究了审讯手段及针对被俘士兵与战败者所进行的囚禁与“洗脑”或再教育的效果。这项研究的成果远不止于此，例如，它帮助我们了解了人们在面对感官剥夺，以及最近的创伤后应激障碍时所体现出的显著的个体差异。

参战双方均会同时向本国人民与外部敌人进行宣传。宣传的目的是改变人们对某些非常具有普遍性的问题所持有的情绪与信念。宣传有时旨在平复公众心情，有时又以激发他们的情绪为主要任务。心理学家一直热衷于不偏不倚地研究这些问题，而其他人其实已经参与了宣传信息的设计。

广告也能被视作一种宣传。当然，它在和平时期更具说服力：广告的设计凝聚了许多心理学家的心血，也耗费了大量资金！心理学家们区分了一系列概念：消息源（是否可信、可靠，是否具有普遍的吸引力与权威性）；消息本身（是否清晰、生动、片面）；媒介（印刷刊物、广播、电视）；观众（是否知识渊博、富有同情心、能为人着想），以及他们接受信息时所处的场合（家中、电影院、超市）。

大量令人着迷的文献对消费者的行为进行了研究：效果好的宣传词汇（最新、改进、迅速）、有效的广告照片（动物、婴儿）、摆放产品的最佳位置（视平线上、过道尽头、收银台），以及产品的包装方式（捆扎、堆高）。该领域的一些心理学成果已经引起了极大的关注，但是，未能得到许多支持。对潜意识的关注——这些一闪即逝或太过模糊的信息无法进入自觉意识，但是不知为何，它们却在我们的脑海中留下了深刻、有效的印象——就是一个很好的例子。这些皆是由万斯·帕卡德（Vance Packard）的著作《隐形的说客》（*The Hidden Persuaders*）（1957）所推广开的。但是细致的研究显示，借用一位评论家的话来说，围绕潜意识的所有问题全都“荒谬悖理、滑稽可笑”。

但是，现已确定心境确实会影响消费者的购买行为。因此，商店可以通过在卖场内散布某些气味（烤面包味、松树林味）或播放特定的乐曲来改变或增强客户的心境，从而提高他们购买产品的可能性。

心理学家也一直在积极地设计消费者类型。有时，这被称作消费心态学，其目的在于根据消费者的价值观念与生活方式，将实际或潜在的市场拆分成不同类型。因此，我们可以随意选取一件产品（汽车或照相机）或是一种销售场景（超市或网络），并根据消费者的心理（兴趣、评价、价值观念）而非人口统计学口径（年龄、性别、阶级）对他们进行分类（Gunter & Furnham，1992）。现已证明，产品的名称极其重要，营销心理学家现已涉足其间。同时，他们也对包装设计、朗朗上口的标语及广告投放——事实上，整个宣传过程——展开了研究。

因此，回到我们的问题上：是否因为心理学教会了我们，或者更糟的是，教会了聪明的心理学家如何操控人心，所以对于心理学的探究才会变得十分危险？

心理学的远大目标一直是描述、理解，随后预测行为。如果能够理解行为的前因变量，就不难找到操控这些行为的方式。人们常常召来心理学家以帮助自己控制酗酒、消极怠工或是盗窃行为。人们要求心理学家通过法律、社会或物质的手段来创建能够鼓励某些行为但同时禁止另一些行为的环境，从而为社会工程做出贡献。

如果理解与预测属于操控的一部分，那么心理学家则希望能够大量进行操控。心理学家个人，就如同科学家个人一样，具有截然不同的观点与道德信念。

一些心理学家强烈支持体罚（打屁股），而另一些心理学家则坚决反对。心理学家也有派别之分，而且不可避免地存在多数人眼中道德高尚或道德败坏的心理学家。

然而，心理学的目的始终是理解与预测行为。

尽管心理学家也很关心人们怎样运用心理学的发现，但这并非他们的首要目标。这是社会政策与管理等学科更为关心的问题。

当然，心理学家们相信“派发心理学”的理念——并不是为某些有权势或富有的客户开发产品或方法，而是帮助大众理解事物产生的原因。心理学试图理解并预测人类行为，并且通过科研论文与著作造益于人类福祉。从这个意义上来说，心理学与经济学或化学无异。

由于害怕相关知识被人滥用，所以不应研究广告、福利或消费者行为等课题，这种想法完全不可取。没有哪一个人类行为领域内的课题超越了心理学的合法研究范畴。

1.5 为何人们会上当受骗

也许在弄清了骗子能够得手的原因之后，我们就能理解为何人们会怀有错误的信念与想法。

波利多罗（Polidoro，1999）已详细研究了灵力骗局所使用的欺骗机制。他共找到 26 种不同策略，可以将它们归入五个标题之下。

让你觉得可信

1. 灵媒可以做出可信的断言——至少对那些相信这类事情的人来说是可信的。
2. 超自然灵力源于外部力量（如上帝），因此，诋毁灵媒的人就必须要与万能的上帝对着干。
3. 灵媒喜欢表现得朴实谦逊，这更能使观众产生共鸣，也更有可能忽视各种问题。
4. 灵媒会装出一副对自己的能力感到惊讶的模样，因为（这些力量来自外部）他们并不知道自己何时可以使用这股力量。
5. 灵力现象越是显得一致（在同一个幌子下多次出现），证明其真实性的证据就越有力。

6. 灵媒宣称人们愿意相信他们，因为他们满足了治愈或是与故去的亲人交流的情感需求。
7. 灵媒将超自然的力量归功于他们的观众/参与者，以此激励他们。

让你降低被操控感

1. 不事先说明需要灵力展示的结果，因而参与者便不知道该期待些什么。
2. 在演示过程中将最初目标稍稍调整为一个不在操控范围的目标。
3. 灵媒会制造混乱，从而转移人们的注意力——或是与之相反，通过相当缓慢、单调的动作来减轻观察者的警觉。
4. 灵媒会通过事先精心准备一些花招并获得秘密信息来实施操控。
5. 灵媒会使用不令人生厌或可以修正的操控方式来实现障眼法。
6. 允许对方提出测试及测试条件，这既能赋予人们信心，又不会增强他们发现问题的能力。

创造表面上的奇迹

1. 年轻、纯真、软弱的灵媒看起来不会骗人。
2. 灵媒无法通过那些旨在判断他们是否具有必要技能的测试：因此他们不可能骗人（例如，他们无法掰弯汤匙）。
3. 灵媒似乎没有骗人的动机：他们似乎不求名也不求财，只要人们认可他们的能力便已心满意足。
4. 灵媒使用熟悉的物体，尤其是从观众那里借来的物体，以此“证明”自己没有耍“花招”。
5. 为了不招致观众的不信任，灵媒使用的方法也很简单。

6. 灵媒永远不会使用相同的办法来伪造同类信息。他们从不重复任何一招，因为这招之所以能够获得成功，主要是因为参与者并不清楚将发生什么，因而不知道自己需要寻找什么。
7. 灵媒都是即兴表演家，因为他们需要能够当场做出某些举动。

制造出错

1. 失败证明了超自然力量的真实性：它绝对不是花招。
2. 怀疑论者制造的“消极感应”可以防止这种现象发生。
3. 只要诡计被人识破，便可以抬出灵媒想要取悦观众的借口——因为想要取悦观察者，他们禁不住想要这样做。
4. 所有被人识破的诡计均可被视作真实灵力的证明，因为这种诡计太过拙劣，所以不会遭人误解——这并非灵媒的本意。

扭曲你的记忆

1. 灵力难以捉摸，因此你很难准确记住究竟发生了什么。
2. 灵媒往往会对已经发生的事情进行概括，从而改变人们的记忆。

当然，在研究了这些诡计之后，我们就能明白为何聪明的普通人会被欺骗。

1.6 结论

人们一向对所有与心理学相关的内容都很感兴趣。一般的报纸往往每天都会至少刊登一篇文章来报道心理学的最新发现。然而，一旦这些报道使用了夸张且具有误导性的标题，就会在外行人心中留下非实证主义的、不准确的心理学知识。

外行人常常误解心理学家的工作。伪科学的言论并无多少证据支撑，但是却不断得到西方某些媒体的强化，从而导致公众在该领域内茫然无知。多数人并未意识到心理学知识有多么实用、多么具有影响力。心理学家拥有神秘的力量或是掌握读心术这类言论并不真实，但是由于他们研究行为，因此能够预测行为模式。这是否意味着心理学家可以下意识地操控行为、偷窥想法呢？知识本身并无任何偏向，但是却很容易被误用。这在很大程度上取决于心理学家如何保持能力、维持职业精神，以及他们在与人们将心理学视作伪科学的持续斗争中，选择在何处划清心理学与伪科学的界限。

第 2 章

"揭秘"误区与心理现实

2.1 常见误区

心理学家耗费了大量时间与精力，试图对那些对某一学科怀有错误认识的人进行再教育。许多人根据这样或那样的消息来源，相信了一些明显虚假的心理学理论。而且因为出现了一些自我应验的预言，驱逐这些想法就变得极其困难。现在让我们来讨论一些出现在不同领域的误区。

2.2 与心智及大脑相关的误区

大脑

我们只使用了 10% 的大脑。

贝尔耶斯汀（ Beyerstein，1999a）指出了这一误区中的许多不合逻辑之处。第一，如果在通常情况下，90% 的大脑均未得到使用，那么即便大脑中的许多部分受到了损害，它依旧可以维持原有的功能。第二，考虑到自然选择的过程，似乎不太可能浪费稀缺资源来生成并维持一个未得到充分利用的器官。第三，脑成像技术显示，即便处于睡眠状态，大脑中也不存在完全处于休息模式的区域。第四，在对大脑功能与专业定位进行了广泛检查之后，并未发现未曾使用的那90%"安静的"大脑。

代谢研究、微观结构分析，以及对神经系统疾病的研究均未能为这一10%的误区提供任何证据支持。这一误区似乎源于自我完善行业及疯狂的命理学家。贝尔耶斯汀（Beyerstein，1999a）指出：

> 很可能一些早期调查人员做出了（也许较为乐观的）估计，认为研究人员只弄清了10%的大脑的功能，但是我们也许将其误解成了人类只使用了10%的大脑这一论断。"大脑"存在可靠"备胎"的观念继续滋养着"流行心理学家"及其众多的可以反复使用的自我完善计划……术士与江湖骗子试图为神迹寻找一种神经学的基础，这一说法正好为他们提供了庇护。不过该论断为真的可能性大大低于10%。

左脑掌管语言、理性、顺序与科学；右脑则负责空间、直觉、情感、创意与艺术。

根据科尔巴里斯（Corballis，1999）的观点，这一误区的起源可以追溯到20世纪。显然，左右半脑的象征主义中存在着一些激发了此类强大观念的东西。他从偏侧性专门化的角度指出，人类大脑的对称性远胜其不对称性。他认为：

> 我使用的《钱伯斯简明字典》（1989年平装版）将myth（神话/误区）一词定义为："关于神祇或英雄的古老的传统故事，尤其是可以解释某些事实或现象的故事。"除了"古老"一词外，这个科学定义还不赖。基因、μ介子和黑洞就是我们现代的神祇。当然，我们会在构建理论时超越证据，我在本章所提出的大脑功能不对称性的观点无疑也是神话中的一部分。但是当我们允许神话脱离科学的审视并成为一种教条时，当这种教条为江湖骗子和假先知们创造了敛财的机会时，就会出现问题。我觉得这就是发生在左、右脑上的事情。（Corballis，1999）

身体能量

萨拉维（Saravi，1999）研究了古代印度传统医学及顺势疗法中关于身体能量的误区。他认为这些能量不存在任何已知的物理相关性，而且也无法加以量化。他指出，这些“能量”分别被描述为具有积极与消极的迹象。“新时代者”[①] 和心理呓语者的“能量”与科学的物理能量之间相去甚远。对这些人来说，“能量”不过是他们在解释那些远不能确定是否存在的现象时易于援引的一个单词而已（Saravi，1999）。最后，他阐述了关于能量及其变形的各种误区。例如，物质与能量可以在物理条件下自由转换。最后，他得出结论：

过去几十年中，大脑能量的使用已成为大量研究的重点并增进了我们对正常及紊乱的中枢神经系统功能的了解。然而，从活体到分子水平，临床与实验数据均无法为“能量”这一神秘概念与大脑功能或超自然现象之间的联系提供任何证据支持。当然，真正的信徒并不会因这些事实而感到气馁，但是对于那些认为保持思想开放并不意味着对科学证据视而不见的人来说，这条消息确实会造成不同。（Saravi，1999）

脑力增强剂

贝尔耶斯汀（1999b）曾经花费了多年时间来研究伪科学家，并且很华丽地将他们写进了自己的著作之中。他指出：

> 伪科学家们已经找到了一条敛财与吸引信徒的有效方式，那就是首先在某门受人尊敬的学科中选取一条毫无争议的断言，然后通过难以察觉的步骤将其扩展至荒谬可笑但又有利可图的程度。

① 新时代是新时代运动（New Age Movement）的简称，它是促进人类意识转变、心灵回归和飞跃的一种运动。之所以被称为新时代，是因为它相信在下一世纪，即西方星象学所指的宝瓶座时代到来之际，人类意识将发生转变，将从对物质领域的局限中解放出来，得到极大的拓展和升华，发展出许多我们现在难以想象的心灵能力。

> 当今时代自吹自擂的推销员们一直在寻找一些可以显著提升销售额的东西，他们用廉价的神秘主义重新包装陈旧的民间心理学；声称这些东西与原本八竿子打不着的神经系统科学之间存在关联，从而为其披上了虚假、体面的科学外衣。我认为，当 19 世纪涌现出一大批推崇自我完善的救星时，这种趋势便已应运而生。这些人窥见了将劝人积极向上的陈词滥调与快速发展的大脑研究科学相结合后所产生的潜在利润。他们及那些永远充满希望的追随者的后代继续生活在所谓的"人类潜能运动"这一营销帝国的边缘。(Beyerstein，1999b)

贝尔耶斯汀（1999b）调查了最近人们对脑力增强剂的迷恋。他指出，此类产品大致可分为三类：（1）被动记录脑电波，希望可以通过告知人们他们所处的状态来教会学员如何随意产生号称有益的脑电波；（2）试图通过可以传递一连串的脉冲刺激来直接改变大脑活动的装置；（3）所谓的智能鸡尾酒，即旨在通过增加大脑化学通路的原材料的可用性来改善脑功能的营养补剂。

贝尔耶斯汀的分析似乎极为明确地表明，有关脑力增强剂效用的言论完全没有任何依据。他总结道：

> 实现自我完善及更为深入的理解是人类最为高尚的两个愿望。不幸的是，这些值得称赞的特质与其他普遍存在的人类特征并存——这其中就包括我们对痴心妄想、自欺欺人，以及寻求捷径等的特殊偏好。我们都会对不惜一切攀上学习高原的人妄自做出令人欣慰的、适意的结论——认为凡是承诺能够指出一条捷径的人都将很快吸引一大群追随者，不论他们是否值得人们这样做……正如我们所见，新的时代并不存在什么新鲜事物。它的核心信念……至少可追溯到苏格拉底之前的希腊人的神秘异教。新时代者以情绪而非经验作为检验真理的标准——如果感觉不错，那么它一定就是真的……新时代运动与之前运动的唯一区别就在于，它选择了具有现代感的行话来重启许多此类的古老教条。这场运动主要还是一顶凭借最新技术，将丝丝缕缕众多神秘、古老的信念与现代魅力相结合的营销伞。(Beyerstein，1999b)

2.3
关于幸福的误区

几十年来，毫无事实依据的信念一直令处于心理学这一行业中的心理学家们烦恼不已。常见误解中就包括心理学家的研究兴趣。如今的人们相信，正常过程出错的时候才是了解这一过程的最佳时机。也就是说，只有在修理厨房挂钟的时候，你才能了解它的工作原理。

> 心理学家研究的不是健康，而是疾病。他们研究的不是幸福，而是抑郁。他们研究的不是婚姻，而是离婚。但是，心理学家最近已经放弃了这种相当令人沮丧的方式，他们已经敢于研究健康与幸福等领域了。在这样做的过程中，他们揭露了各种误区。（Eysenck，1990）

关于幸福的误区如下。

- “幸福取决于发生在一个人身上的快乐事件的质量与数量。”唉，这种快乐转瞬即逝；更糟糕的是，与它们相比，随后发生的快乐程度适中的事件反而会显得无趣。人之所以能够享受快乐，是因为他们感到开心；反之则不然。幸福并不是注射一剂强过一剂的兴奋剂后所带来的结果，它也可以是集邮或观鸟等极为平常的活动所产生的结果。
- “现代的紧张生活使人们的幸福感反倒不如古代人。”这可不是事后诸葛亮，而是你只透过玫瑰色的眼镜见到了过去岁月中美好的一面。它涉及了选择性地遗忘贫困、疾病与原始技术。有人认为，生活在经济较发达（而且恐怕也是压力重重）的西方社会的人们比不发达国家的居民们快乐（仅是作者个人观点）。然而，重要的是你的生活方式，而非你的生活水平。
- “身体严重残疾的人不如其他人幸福。”尽管因意外致残或身体机能逐渐丧失而导致的（急性或慢性）残疾确实会引发抑郁症，但是针对四肢瘫患者的研究表明，他们的幸福水平可以快速恢复，而且残疾与否并不能决定一个人是否快乐。盛世美颜、体力或是健康强健本身都不是幸福的缘由。

- “与老年人相比，风华正茂的年轻人责任少、快乐多。”事实上，心满意足的感觉会随着年龄的增长而逐渐增加。年轻人的积极与消极情感（情绪）更为强烈，但是总的来说，出现两种情绪的时间基本持平。年轻人喜欢坐上更大胆的情绪过山车，而且很多人能够在其中茁壮成长。他们往往会觉得平淡的生活十分“无聊”。
- “大喜与大悲如影随形。”这种流行的说辞过于简单化。神经过敏者往往容易经历情绪的大起大落。但是多数情况下，人们的情绪不会在两个极端间大幅摆动。而且不是非得付出“代价”、经历不幸之后才能获得幸福。
- “聪明的人比不聪明的人快乐。”作为学者，我们可以自信地向你保证，这种言论简直是大错特错；事实也许恰好与之相反。人越聪明往往期望就越高（也越难实现），而且越是会操心他们无力控制的事情。“无聊”的普通人不会苦苦思索人生的意义，也许这样反而更好。
- “孩子的到来会时刻为已婚夫妇增添快乐。”恐怕有截然相反的情况发生。孩子的出现可能在某些时候会降低已婚夫妇的幸福感，而一旦所有孩子均已离巢，多数已婚夫妇都会感到更加快乐。生儿育女是一种强大的生理需求，它需要你承担起多年的养育之责。
- “大赚一笔之后绝对会感到幸福。”针对搏彩获胜者的研究表明，对许多人来说，随之而来的混乱会导致截然相反的结果。朋友因心生嫉妒而日渐疏远，索取钱财的信件如雪片般飞来，诸如此类的事件往往会叫人感到绝望。人们很快便适应了自己的财富，进入新的社交圈，但是与那些人比起来，他们根本就算不上富裕。奇怪的是，对财富具有最佳适应力的工薪阶级并不是那些“买、买、买”的人，而是将这笔钱用于投资并继续之前生活的人。在赢得大笔金钱之后，人的幸福感很快就会回落到之前的水平。不是所有百万富翁都会幸福感爆棚。

- “男人比女人快乐，因为这是属于男人的世界。”事实上，就幸福感而言，男女之间的差别极小。尽管有的年轻女性可能会比年轻男性稍稍不快乐一些，但人到中年以后，就会出现相反的状况。所谓的生为男人的优势不会也无法确保他们必定能够感到幸福。
- “直接追求幸福绝对会导致幸福从身边溜走——幸福的到来极其自然，你无法通过冥思苦想定制幸福。”事实正好与之相反——不论何事，只有在掌握了相关知识后，才能更有效、迅速地实现。至少在弄清了是什么无法为我们带来幸福之后，我们就不会再毫无意义地追求这些东西。
- “幸福是人类追求的一种极其肤浅的目标。”对于那些相信振奋精神、全力以赴，并且极有气势的人来说，幸福本身就是一个无果而终的目标。他们认为，最好还是努力获取扎实的工作成果。幸福也与身体健康有关，并且预示着长寿。既然不快乐可以置人于死地，你就很难将幸福视作一个无关紧要的目标。
- “幸福是转瞬即逝的经历，是一闪而过的状态。”但是从纵向研究中可以看出，幸福的程度不会随着时间的推移而发生变化。它与人格有关，而且尽管存在一些误解，但是随着时间的流逝，这种变化相对较小。幸福可以通过接受某种人生观与生活方式来获得，也能够恒久不变。
- “婚姻往往会降低幸福感。”事实正好相反，对于男性而言尤其如此。尽管离婚率居高不下，但是相关数字非常明确地证明了这一点。总体而言，已婚人士比未婚人士快乐得多。

对于很多人来说，影视明星、体育明星看起来不仅适应能力超强，而且也十分快乐。他们的代理团队与理想化的自传往往也努力营造出这种印象。这就导致普通人认定金钱、美貌与体魄是幸福的关键因素。他们错了，大众偶像与公众人物也有自己的问题。他们既不会欢天喜地，也不会沮丧郁闷。事实上，财富与名望这些虚饰不过就是“陷阱与监狱”，而不是涅槃。事实就是，普通民众与他们一样幸福。

2.4 关于大众心理学的现代误区

利林菲尔德、林恩、鲁肖与贝尔耶斯汀（2011）强调了大众心理学中的50 条误区。我们已被大众心理学包围。它出现在新闻、电视与电影中，无处不在。互联网与书店为我们提供了自助的选择，以及针对恋爱等行为的建议等内容，从而使我们了解到心理学究竟会怎样看待我们的生活。不过，可悲的是，许多现有文献均充斥着误解与误区，而人们也开始接受关于心理学的错误信息。那些自称是大师与心理健康专家的人在网络或电视上提供心理咨询服务。他们往往散布一些满是瑕疵的信息。公众常常会接受这些信息，因为它们符合广义的人性观并且貌似合理。

利林菲尔德等（2011）指出了下列方式是如何对我们施加影响，使我们相信大众心理学中的各种误区的。

1. *口口相传*：关于心理学的错误信念通过口头交流得以传播。反复听到一条信息并不意味着消息本身就正确。然而，我们往往将某种表述的熟悉度与其准确性混为一谈。

2. *选择性知觉与选择性记忆*：我们对现实的看法会被偏见与期望改变，我们对现实的解释会受到信仰的影响。多数人并未意识到知觉扭曲现象的存在；这被称作*朴素实在论*（Naive realism）。我们过去的经历会影响我们对事件发生频率的判断，我们会高估之前曾经发生过的事件的发生频率。

3. *接触了存有偏见的样本*：我们读到的关于各种人群的报道存在偏见。一项研究发现，电视中所描绘的精神病患者中 75% 具有暴力倾向，但实际上，在这一人群间，暴力事件的实际发生率要低得多。这种有失偏颇的报道可能会导致普通人认为，所有精神病患者都具有攻击性，十分危险。精神治疗医师也接受了对普通人群存在偏见的样本。他们也存在偏见，例如，除非接受正规的心理援助，否则个人极难成功戒烟，因为他们接触到的都是一些积习难改的老烟民。

4. *具有误导性的媒体形象*：若干媒体对精神疾病与心理干预的描绘往往

比现实更耸人听闻。例如，将电惊厥疗法（ECT）描述为一种危险的、残忍的治疗手段。然而在今天，电惊厥疗法已日益变得安全。

50大误区及其之所以虚假的原因

下文以利林菲尔德等（2011）的研究为基础。

关于大脑与知觉的误区

1. *多数人只使用了10%的脑力。*如上所述，研究表明，不论大脑中的哪个区域遭到破坏，中风患者或是颅脑外伤病人都会出现严重的脑功能损伤。有篇文章指出，一位佛罗里达州的女性因缺氧导致50%的脑组织坏死，并且在长达15年的时间内一直处于植物人状态。这类实例突显出一点，对于大脑的正常运转来说，整个大脑都必不可少。有人曾暗示，该误区之所以如此普及，是因为它能令人感到欣慰，因为人们可以将自己未能获得成功的原因归结到没有充分利用他们聪明的大脑上。

2. *人可以分为左脑型与右脑型两大类。*左右脑的区别在于，相对而言，它们各自拥有更为擅长的精神活动。两个脑半球的区别在于其处理信息的方式，而非信息的内容。相对而言，左脑更擅长处理语法，而右脑则更擅长思考讲话的重点。在正常的大脑中，两个脑半球在处理多数任务时均以一种相互协调的方式进行广泛的沟通。

3. *超感知觉（ESP）是一种已被广泛接受的科学现象。*对于灵媒能力与超感知觉的信念在现代社会中普遍存在。调查对象中有41%的成年人相信超感知觉。美国政府曾试图在1972年的星门计划中，借助这些能力从那些身处遥远地域的人们那里获取有用的信息。不过，由于始终未能获得成功，这项工作终止于1995年。此外，150多年来，人们一直在试图证明超感知觉的存在，但是至今仍未取得成功。

4. *视知觉伴随着眼睛释放的微小物质而出现。*一项研究发现，30%的参与者表示，眼睛发射出的光线或颗粒使他们能够看到物体。维纳与科特雷尔（1996）强调，我们经常会在描述人物时使用"目光锐利"或是"能够看透人心"等字眼。也许是因这类隐喻太过笼统，或是人们完全照着字面意思进行理解，所以才会认为眼睛能够产生能量。

5. *潜意识信息可以说服人们购买产品*。存在于意识之外的信息会影响我们的判断；然而，这与大众心理学所设想的阈下过程有所不同。许多研究调查了引导消费者购买产品的努力，以及这种无意识尝试失败的原因，但是并没有证据表明潜意识信息可以影响消费者行为。

其他有待探索的大脑与知觉误区包括：

- 只有完整的大脑才能有效运转。
- 现代人类的大脑比尼安德特人[①]大。
- 脑部扫描的激活区域意味着脑区变得更加活跃。
- "阿尔法意识"[②]与放松状态有关。
- 成年人无法长出新的神经元。
- 成人每天会损失约100 000个神经元。
- 盲人的听觉和触觉发展得尤其良好。
- 盲人可以通过感测前额的热量与压力来检测远处的障碍物。
- 昏迷即深度睡眠状态。
- 可以通过播放他们喜爱的歌曲来"唤醒"昏迷的人。
- 生物反馈是缓解紧张情绪的唯一有效手段。
- 人类拥有一种看不见的"身体能量"，一旦这种能量受阻就会引发心理问题。
- 酒精会杀死脑细胞。
- 酒精的主要作用是刺激大脑。
- 酒精可以增强性唤起。
- 饮酒之后，呼吸中常常带着酒气。

① 生活在 12 万年前至两万四千年前，是现代欧洲人的近亲。

② 这里说的是阿尔法波是连接意识和潜意识的桥梁，是有效进入潜意识的唯一途径。

- 酒精可以促进睡眠。
- 酒精可以使身体变暖。
- 在海拔较高的地方，如在航行中的飞机上，饮酒更容易醉。
- 只有在出现了明显的醉酒迹象之后，人的判断力才会削弱。
- 喝咖啡是酗酒后的醒酒佳法。
- 冷水浴或运动是酗酒后的醒酒佳法。
- 混着喝不同类型的酒会比只喝一种酒更容易醉。
- 只喝啤酒不会成为酒鬼。
- 多数脑损伤患者的外表与行为都存在缺陷。
- 治疗颅脑损伤的最佳处方是休息。
- 除非受到撞击后不省人事，否则颅脑损伤不会造成脑损伤。
- 脑前额叶切除术（更普遍的叫法是“脑叶切除术”）会将人变成“植物人”。
- 人类具有五感。
- 在多数色盲症患者的眼中，世界是黑白的。
- 犬类所见到的世界是黑白的。
- 在昏暗的光线下阅读会损害视力。
- 可以说，人类舌头所能品尝到的味道构成了四种味道“图谱”。
- 如果进食冰淇淋或其他冰冷食物的速度过快，就会引发大脑疼痛。
- 磁铁，如那些嵌入鞋垫中的磁石，可以缓解疼痛。
- 进食大量火鸡肉会让我们感觉疲惫。

关于发展与衰老的误区

6. *为婴儿播放莫扎特的乐曲可以促进他们的智力发展。*研究发现，较之轻松的乐曲或是静默的环境，聆听了 10 分钟莫扎特钢琴奏鸣曲的学生在解决空间推理问题时明显表现得更为出色。然而，该实验只记录了乐曲短期的影响，并且是与大学生而非婴儿有关。媒体对这种效果进行了广泛报道并将其应用至未经实证调查的群体身上，如小学生与高中生，尽管在复制原始研究后只得到了极其微小甚至是完全无效的结果。相反，有人暗示说，其实，聆听莫扎特的乐曲所带来的短期兴奋才是真正的诱因，它所带来的刺激可以增强人的兴奋感，从而使人在应对困难任务时能够拥有更加优秀的表现。

7. *青春期是不可避免的心理动荡期*。电影与图书更多关注的是不快乐的青少年及其家庭所面临的烦恼。它们向公众所展示的是一种带有偏见的青少年形象。进入青春期后，与父母生出摩擦、情绪不稳、采取危险行为的风险渐长。但是并非所有青少年都会经历这些典型的过程。

8. *多数人会在四十几岁或五十岁出头的时候遭遇中年危机*。埃里克森（1968）认为，许多人会在步入中年后努力探寻人生的目的与意义，开始“纠正”自己的缺点。然而，舍克（1996）并未在其所开展的一项跨文化研究中发现多数中年男性和女性怀有不满情绪。此外，一项针对7195名参与者所进行的研究表明，40～60岁的人觉得，与10年前相比，自己对生活的掌控能力得到了增强，并且享受到了更美好的生活。

9. *老年期就意味着牢骚渐多与逐渐衰老*。人们普遍对老年人持有一种负面的刻板印象，65%的参与者认同“多数老年人离群索居、孤苦伶仃”这种说法。一项针对迪士尼儿童电影的调查发现，42%的老年角色以负面形象出现且表现出了愤怒、健忘等特征。然而，事实并非如此。一项研究发现，事实上，60岁以上的受访者比21～40岁之间的受访者更加快乐。此外，幸福感最高的人群是65岁及以上的男性人群。

10. *濒死时，人们会经历一系列相同的心理阶段*。库伯勒－罗丝（1969）普及了旨在描述人类濒死时期的六大阶段：悲伤、拒绝接受、愤怒、讨价还价、抑郁与接受。不幸的是，库伯勒－罗丝的理论是建立在主观观测与不规范的情绪测量的基础之上。将死之人经历这些阶段的顺序也许并不相同。许多绝症晚期病患可能会跳过某些阶段，或是以完全相反的顺序经历这一切。达尔·贝罗－哈斯、戴尔·贝内与三本（2002）强调，一些患者最初接受了即将到来的死亡，但是后来却又开始拒绝接受这一事实。应对死亡并不像人们最初所提出的那样简单。

其他有待探索的关于发展与衰老的误区包括：

- 母亲心情不好可能会导致流产。
- 出生后的头几分钟对于形成有效的亲子关系至关重要。
- 对于婴儿的发展来说，前三年至关重要。
- 通过大量肢体接触来鼓励和支持孩子可以使他们更快学会行走。
- 新生儿几乎与盲人和聋哑人无异。
- 婴儿只能与母亲建立起依恋情节。
- 用儿语[“儿向语言”（motherese）]与孩子交谈的母亲会减缓孩子的语言发展进程。
- 幼儿几乎不会撒谎。
- 肥胖儿童只不过是带着“婴儿肥”。随着年龄的增长，这些脂肪会逐渐消失。
- 对多数儿童来说，收养会带来负面的心理影响。
- 同性恋父母抚育的儿童成为同性恋的概率高于其他儿童。
- 孩子的诞生会提高夫妻对婚姻的满意度。
- 随着年龄的增长，人类所需的睡眠时间会逐渐减少。
- 大部分老人住在私立养老院。
- 老年人比年轻人更害怕死亡。
- 几乎所有老年人都患有阿尔茨海默症。
- 摄入过量铝会导致阿尔茨海默症。
- 许多人“寿终正寝”。
- 绝症晚期患者在放弃希望后不久便会死亡。
- 绝症晚期患者往往可以“拖到”过完节日、生日或是对他个人而言十分重要的日子之后才与世长辞。

关于记忆的误区

11. 人类记忆的运作方式就像是磁带录音机或摄像机，它可以准确记录我们所经历的事件。事实上，记忆并非对过去事件的真实复制。我们的确会在情绪极端激动或经历重要事件时体验到“闪光灯记忆”。对于我们而言，这些记忆极其明显且似乎十分精确。然而，即便是对于“9•11”事件的“闪光灯记忆”也像所有记忆一样，容易发生扭曲。有人说，个人信念、需求与情绪都会模糊我们的记忆。

12. 催眠可用于寻回那些与已被忘却的事件相关的记忆。人们普遍认为催眠可以增强记忆力。根据亚普科（1994）的记录，75% 的受访者认为催眠可以帮助人们“准确地记住他们原本会遗忘的东西”。然而现在，司法心理学家则认为，催眠不会对记忆产生任何影响（Erdelyi，1994），甚至有可能扭曲回忆。令人担忧的是，人们还发现，催眠可以增强人们对于这些记忆的信心，尽管这种信心毫无根据可言（Green，Lynn，& Malinoski，即将出版）。因此，如果在诉讼案件中使用这些材料就会误导众人，产生误判等负面影响。

13. 人们往往会压抑与创伤经历相关的记忆。心理学家与精神科医师会使用解离性失忆症（dissociative amnesia）这一术语来描述无法回忆起应激性或创伤性事件的状况。正常的遗忘过程无法解释这种情况（American Psychiatric Association，2000）。麦克纳利（2003）认为，如果人们在成年后意识到，自己在童年时期所经历的此类创伤性事件实际上只是某种形式的虐待，他们就能回想起这段记忆，而不是选择压抑或主动遗忘。皮佩（1997）强调，未能提及某事并不意味着人们就压抑了与之相关的记忆。也许只需要一些提示，他们就能回忆起一开始未能想起的那些令人尴尬的信息。

14. 多数失忆症患者会忘记早期生活的所有细节。荧幕上的失忆症患者大多失去了与过去相关的所有记忆，但是他们在学习新事物时却不会遇到任何困难。然而，真正的失忆症患者罹患顺行性遗忘症（anterograde amnesia）的可能性更大，或者说他们会失去与新事物相关的记忆，因而无法形成新的记忆。他们也可能患上逆行性遗忘症（retrograde amnesia）——丧失过去的记忆——但这不是主要问题。例如，为了治愈重症癫痫，一位被称作 H.M. 的病人在接受了脑外科手术后，几乎想不起最近发生的事件及 5 分钟前见过的人。

其他有待探索的关于记忆的误区：

- 我们经历过的一切都会永久存储在大脑中，即便我们无法唤起所有记忆。

- 一些人拥有真正的“照相式记忆”。
- 一番努力之后，我们就能回忆自出生后发生的所有事情。
- 记忆可以通过化学方式进行转移。
- 记忆的暗示性只会给学龄前儿童带来问题。
- 想不起昨天午饭究竟吃了什么的人“短时记忆力”很差。
- 机械背诵是记住信息的最佳方式。
- 几乎所有的遗忘都出自大脑信息的衰减。
- 银杏等草药可以增强正常人的记忆力。

关于智商与学习的误区

15. *智商测试对某些群体存有偏见。*有人认为，智商测试青睐白人男性。这并不能反映出智商测试存在偏见，只能说不同人群确实会在某一特定特征上出现差异。令人欣慰的是，这个问题已经得到了实证检验。研究者们确认，没有证据表明智商测试对女性或少数民族的表现预测不足，现代研究者也支持这一结论。

16. *考试时如果对答案没有把握，最好坚持最初的预感。*68% ~ 100% 的大学生相信，如果不更改最初的答案，他们的考试成绩就会更高。然而，研究表明，更改客观题的初始答案更有可能提高考试得分。更改答案数量越多，得分往往越高。

17. *失读症的关键特征就是反序阅读字母。*许多人对失读症的认知就是，患者会反序阅读字母。有趣的是，反向写作与反序阅读字母在幼儿学习写作与拼写的过程中极其常见，这些并不是失读症的特征。此外，反序阅读字母只是失读症儿童面临的众多问题中的一种，而非其关键特征。

18. *如果教师的教学风格与学生的学习方式相匹配，学生就能获得最佳学习效果。*已有针对教学风格与学习方式之间相互匹配的研究，其中的许多推论均未能获得证据支撑。据说，这是由于某些教学风格更能获得成功的教学结果，与学生的学习方式无关。

其他有待探索的关于智商与学习的误区：

- 聪明绝顶的人往往体力不如常人。
- 智商得分几乎不会因时间而发生改变。
- 智商得分与学习成绩无关。
- 完全可以通过辅导提高SAT考试及其他标准化考试的成绩。
- 天才与疯子之间存在密切联系。
- 智力障碍是一种疾病。
- 多数智障人士均表现出了严重的发育迟缓症状。
- 大脑的体积与智商无关。
- 女司机的表现比男司机糟糕。
- 创新突破发生于灵光乍现之时。
- 高涨的积极性有助于解决难题。
- 负强化是一种惩罚。
- 惩罚可以极其有效地改变长期行为。
- 维持某种行为的最好办法就是每次均给予响应奖励。
- 斯金纳在“斯金纳箱”中养大了女儿，导致她后来罹患了精神病。
- 小班教学可以始终促进学生成绩的提高。
- 在课堂上根据能力对学生进行分组可以提高他们的学习效果。
- 要求不成熟或表现不佳的学生留级对他们有益。
- 标准化考试的成绩无法预测日后的成绩。
- 直接、即时的反馈是确保长期学习的最佳手段。
- “发现式学习”（学生必须自己发现科学原理）胜过直接教学法。
- 近几十年来，美国学生的标准化考试成绩一直在下滑。
- 通常，学生只能回忆起10%自己阅读过的内容。
- 速读课程十分有效。
- 默读可以提高阅读能力。
- 聋人可以通过读唇理解别人所说的大部分内容。
- 有些人“使用方言”。
- 许多同卵双胞胎拥有只属于他们的私人语言。

- 阿尔伯特·爱因斯坦患有失读症。

关于意识的误区

19. 催眠是一种有别于觉醒的独特的“恍惚”状态。人们已经为催眠提出了众多解释，其中包括，人们会在催眠后进入一种类似睡眠的状态。他们将失去意志力并且记不起究竟发生了什么。研究表明，大部分民众误将媒体对催眠的描述与误区当成了事实，认为催眠状态与清醒、有意识的状态之间存在极大不同。然而，研究发现，被催眠的人仍旧具有一定的控制力，可以抗拒甚至决不接受在催眠状态下听到的建议。尽管媒体暗示，处于催眠状态或正在进入催眠状态的人会与平时判若两人，但研究显示，事实并非如此。

20. 研究人员已证实，梦境具有象征意义。43% 的美国人相信，梦反映了他们潜意识中的欲望。这些信念源自弗洛伊德的理念，即梦境中包含着与做梦者潜意识的欲望相关的象征。然而，科学家否认了梦象具有普遍象征意义的这种说法。霍布森、佩斯－萧特、史提葛（2000）提出，大脑试图在睡眠中的快速眼动（REM）期，根据脑区在睡眠过程中的随机放电来编造故事，因此梦境没有任何意义。

21. 人们可以在睡梦中学习新的信息，如一门新的语言。媒体与书籍对睡眠辅助学习进行了广泛讨论。不少研究在睡眠学习这一问题上得出了可喜的结论。但是一份针对此类研究所做的综述强调，此类研究并未对诸如参与者是否处于清醒状态之类的关键因素进行控制。有可能参与者在听磁带时其实处于清醒状态。一些研究通过监控脑电波来控制睡眠，但却并未发现任何可以支持睡眠辅助学习的证据。

22. “灵魂出窍”时，意识会离开自己的身体。有些文化对灵魂出窍曾进行过广泛报道。然而，科学研究表明，意识不可能离开身体。一种试图对该现象进行解释的假设提出，灵魂出窍是自我感知与感觉之间的脱节。相反，布兰克与图特（2007）认为，灵魂出窍是由于不同脑区未能整合各种感官信息所造成的。科学家已设法通过刺激颞叶成功诱导出了灵魂出窍的状态。这表明，尽管人们主观感觉到自己的意识离开了身体，但实际上并非如此。

其他有待探索的关于意识的误区：

- 催眠只能在放松的状态下进行。
- 人们无法在催眠过程中察觉周围环境。
- 人们记不起催眠时所发生的事情。
- 现代催眠师多用摆动的怀表来诱发催眠状态。
- 某些催眠术的效果更好。
- 会对众多催眠暗示做出回应的人容易上当。
- 人们可以在催眠状态下做出清醒时绝对不会做的不道德行为。
- 人们可以在催眠状态下完成需要极大体力或技巧的任务。
- 人们不会在催眠状态下撒谎。
- 催眠的主要决定因素是催眠师的技能。
- 人们可能会永远"困在"催眠状态中。
- 如果驱动力足够强大，人们会赤脚踏过燃煤。
- 梦境只能持续几秒钟，但是事后叙述梦境则需要更长的时间。
- 睡眠中的大脑处于"休息"模式。
- 安眠药是长期治疗失眠的良药。
- "数羊"可以帮助人们入睡。
- 一碰枕头便能入睡是睡眠健康的标志。
- 许多人永远也不会做梦。
- 多数梦境都与性有关。
- 多数梦的内容都很离奇。
- 梦中的世界是黑白的。
- 盲人不会做梦。
- 如果梦见自己离世，梦境就会成真。
- 只有在快速眼动睡眠期才会做梦。
- 人们可以通过清醒梦①来改善心理顺应。
- 多数梦游者是在表现他们的梦境；多数梦语者是在讲述自己的梦境。

---

① 做梦者有某种意识的梦境。

- 梦游无害。
- 梦游与根深蒂固的心理问题有关。
- 唤醒梦游者很危险。
- 超觉静坐是唯一有效的放松手段。

关于情感与动机的误区

23. *多导仪（“测谎仪”）测试可以准确地检测出欺诈行为。*多导仪会记录下包括皮肤电传导及呼吸等一定程度的生理活性。然而，如何从测谎指标的角度来解释这些图表则是一个众所周知的难题。每个人的生理活性都不同。多导仪可能会将出汗更多的人判定为撒谎者，而认为不太出汗的人说了真话。此外，莱肯（1998）强调，没有证据显示某项生理反应可以指征撒谎。实际上，“测谎仪”只不过是一部唤醒检测仪。

24. *幸福主要由外部环境决定。*艾森克（1990）认为，幸福与积极的生活事件及个人经验的数量直接相关。然而，迪纳和塞利格曼（2002）在比较了最幸福的10%与最不幸福的10%的参与者之后得出结论，这些快乐的人未曾经历过在考试中表现不俗这类更积极的活动。相反，卡内曼、克鲁格、施卡德、施瓦茨与斯通（2004）发现，较之包括收入、工作满足感等在内的生活环境，女性的睡眠质量和抑郁倾向与日常幸福高度相关。他们认为，基因对幸福感的影响大过经验。莱肯和特勒根（1996）发现，同卵双胞胎间的幸福评分比异卵双胞胎间（他们只有半数基因相同）更为接近。

25. *溃疡主要或完全是由压力造成的。*沃伦和马歇尔（1983）在探索了该领域后发现，有一种细菌（幽门螺杆菌）只存在于溃疡患者身上。使用抗生素治疗溃疡后，溃疡的复发率下降了90.95%。两者间的因果关系获得了有力的证明。

26. *积极的态度可以预防癌症。*许多人认为，积极的态度可以减缓癌症的发展，因此，焦虑不安的人之所以会罹患癌症，完全是由自身性格造成的。然而，多数实证研究并未发现压力与癌症之间存在必然关联。甚至有人发现，生活压力越大的人患癌症的可能性越小。而且，旨在增强患者积极态度的癌症互助组可以改善癌症患者的生活质量，但是却无法延长他们的生命。

其他有待探索的关于情感与动机的误区：

- 声压测谎仪可以检测谎言。
- 对于所有人来说，“积极思考”都胜过消极思考。
- 如果遇见令人心烦的事情，就应该试着将其抛至脑后。
- 女性的社会直觉胜过男性。
- 人们会在周一感到尤其沮丧。
- 开朗乐观的人的坏情绪往往比别人少。
- 多数女性会在经期前变得情绪不佳。
- 控制压力会导致溃疡。
- 熟稔会造成蔑视：我们不喜欢可以经常接触到的事物。
- 极度恐惧会令头发变白。
- 平均而言，每过 7 秒，男人便会想到性。
- 情人眼里出西施。
- 人们往往会觉得那些外貌独具特色的人最具吸引力。

关于人际行为的误区

27. 异性相吸：我们最爱慕那些与我们不同的人。电影、小说与电视节目经常会讲述两个性格截然相反的人坠入爱河的故事。然而，许多研究发现，较之人格特征不同的人，人格特征更为相似的人更有可能相互吸引。人格特征相似也是婚姻稳定、幸福的一个良好预测指标。

28. 人多胆壮：非常时刻，在场的人越多，有人干预的可能性就越大。许多故事都涉及到一个人需要帮助但是多人均未出手相助的情况。例如，1964 年，纽约市的 38 名目击者眼睁睁地看着基蒂・吉诺维斯被刺死，但是却没有一个人采取任何行动。拉坦纳和达利（1968）提出了两个原因来解释这种现象：（1）如果没有人对某种情况做出回应，我们就会误以为这并非紧急情况。（2）即便可以认定发生了紧急事件，只要有他人在场，若是由于我们未能出手相助而造成了负面后果，落在我们个人身上的责任就会减少。格根（1973）发现，在了解了旁观者效应后，人们在这种情况下保持沉默的概率反而下降了。

29. *男人与女人的沟通方式完全不同*。目前，许多媒体都突出报道了两性之间的差异。为两性沟通提供指导的书籍和对此进行暗示的电影更是多如牛毛。然而，实证研究表明，两性之间的差别很小。海德（2005）在一项元分析中发现，两性在健谈及披露个人信息方面的总体差异最小。这说明两性的沟通方式仅是略有不同而已。霍尔（1984）总结说，在检测与区分情绪方面，女性略胜于男性。

30. *表达愤怒好过抑制情绪*。人们的普遍共识是释放愤怒比积累怨气对身体更加有益。这源于弗洛伊德的建议，即压抑的愤怒会累积，最终将影响心理健康。弗洛伊德认为，为了能够幸福地生活，这种负面情绪应该通过精神宣泄、释放愤怒得到发泄。然而，研究表明，表达愤怒实际上会令人变得更具进攻性。号称具有宣泄作用的暴力影像游戏也会使参与者在实验室内与日常生活中均变得更具攻击性。

其他有待探索的关于人际行为的误区：

- 与个人相比，大型群体做出的决策不那么极端。
- 拥挤总是会导致更多的攻击性。
- 可以通过态度来高度预测行为。
- 在小组中通过展开“头脑风暴”产生新想法比要求人们独立琢磨出想法更加有效。
- 婚姻中愤怒的程度越高，离婚的可能性就越大。
- 要想改变一个人的态度，最好的办法是给予他一个巨大的奖励。
- 对创造性工作进行奖励可以始终促动人们萌发更多创造性工作的动机。
- 篮球运动员在投篮时靠的是“运气”。
- 欲擒故纵是让别人对你心生爱慕的好办法。

关于人格的误区

31. *以相似的方式抚养孩子会导致他们在成年后拥有相似的性格*。哈里斯（1998）提出了“教养假定”，认为以相同方式抚养长大的孩子彼此之间性格相近，并且会与父母相像。人们发现，孩子的多数人格特征与父母类似，但这并不能证实哈里斯的观点；有可能是基因在发挥作用。特勒根等（1988）证实了这一观点。他们发现，分开抚养的同卵双胞胎与一同长大的同卵双胞胎一样，都具有相似的人格特征。西格尔（1999）进一步支持了基因在其中所起的作用。他发现，收养在同一个家庭中的毫无血缘关系的孩子会展现出截然不同的人格。

32. 我们无法改变遗传性状。许多研究人员暗示说，遗传性状很难或无法改变。遗传率以百分比来定义。如果某一特征的遗传率是 0%，那么该性状中的全部差别都将完全由环境决定；如果遗传率是 100%，那么所有差别都将由基因决定。多数人格特征的遗传率是 60%。尽管如此，即便某一性状的遗传率极高，也并不意味着我们不能对其进行修改。相反，高遗传率意味着当前环境因素对该性状的个体差异影响最小。这一数字与新环境的潜在影响无关。我们还能处理遗传条件。苯丙酮尿症（PKU）具有 100% 的遗传率，这意味着载体无法分解苯基丙氨酸。苯丙酮尿症患者可以通过避免食用含有苯基丙氨酸的食物来避免它的阴性症状（弱智），由此改变遗传性状所产生的效果。

33. 低自尊是造成心理问题的主要原因。许多人认为，低自尊与暴力、抑郁、焦虑、酗酒等心理问题相关。然而，一项大型元回顾在开展了 15 000 例与之相关的研究后发现，自尊与成功的人际交往之间只存在最低限度的关联。有趣的是，具有攻击性的孩子会高估自己在同龄人间的受欢迎程度，这意味着他们拥有高自尊。也许高自尊也不是什么好事。

34. 多数遭遇过性虐待的孩子会在成年后形成严重的人格障碍。毫无疑问，性虐待史将对被害人造成影响。然而，林德、特洛莫维奇和鲍瑟曼（1998）发表的研究结果指出，儿童的性虐待史与包括抑郁症、焦虑症、进食障碍等在内的成人精神病理之间只存在较弱的关联。

35. 人们对墨迹的反应可以在很大程度上体现他们的人格。罗夏墨迹测验会向人们展示对称形状并要求他们描述从中辨认出的内容。该项测验被临床医生广泛使用。他们相信可以通过这种方式了解人们无意识的思想与感受。然而实际上，这种技术的实用性并未获得科学研究的支持。伍德、利林菲尔德、格朴和奈兹沃斯基（2000）认为，多数罗夏分数与人格特征无关，并且与包括抑郁症和焦虑性障碍在内的许多临床疾病之间仅存在极其微小的关联。

36. 笔迹可以揭示人格特征。笔迹学是一种号称能够“解读人格”的伪科学实践。笔迹学家自有一套与人们的书写习惯相关的见解。他们认为，某些特定的书写特征与人格因素之间存在关联，例如，如果将字母 t 的交叉笔画写成“鞭子般的线条”，就表明此人具有虐待狂的人格。研究人员对笔迹学家的说法展开了广泛研究。克利莫斯基（1992）发现，接受过笔迹学训练的人对工作绩效的预测完全就是瞎蒙。迪恩（1992）在对该领域的许多研究进行了元分析之后认为，笔迹学家无法对人格特征或工作绩效做出预测。

其他有待探索的关于人格的误区：

- 绘画可以反映出绘画者的大量人格特征。
- 积极的自我肯定（“我喜欢自己”）是提高自尊的好方法。
- 比较胖的人士比比较瘦的人士更为开朗（“更快活”）。
- 开放性面试是评估人格的最佳手段。
- 根据临床医生运用人格测试的年限，可以预测出他在此项测试上进行判断的准确性。
- 进行诊断时，信息越多越好。

关于心理疾病的误区

37. 由于精神病的标签会给人们打上烙印，因此会对人们造成伤害。罗森汉（1973）提出，精神病的诊断会使我们消极对待那些被贴上了此类标签的人。相反，鲁肖（2004）发现大量研究均支持另一种看法，即人们之所以会对患有精神障碍的人采取消极行为，是因为他们行为异常，而不是他们被贴上了标签。有趣的是，研究发现，一旦成人意识到自己被诊断出患有某种障碍性疾病并被贴上相应的标签时，就会对患有精神障碍的儿童进行更为正面的评价。也许是因为标签可以帮助人们理解个人行为背后的缘由，从而使其接受这种行为。

38. 只有极度抑郁的人才会自杀。13% ~ 41% 的自杀者并不符合重度抑郁的标准。相反，10% 左右的自杀者既不是精神分裂症患者也没有滥用过药物（Rihmer，2007）。5% ~ 10% 的自杀者因不明原因自杀，他们根本没有精神障碍。其中一些可能是"理性自杀"，他们在面对严酷的生活事件，如身患绝症等，进行深思熟虑之后，做出了自杀的选择。

39. 精神分裂症患者具有多重人格。人们对精神分裂症存有误解，认为它的特征就是"人格分裂"。阿瑞缇（1968）在对这一观点进行研究后得出结论，精神分裂症患者的身上没有共存人格。这一点很重要，因为精神障碍会带来许多与之相关的风险，如自杀与临床抑郁症的风险会升高。某些媒体简化了这种条件并使用了外行的术语。这种语言会导致人们低估精神分裂症的严重程度并减缓个人寻求治疗的紧迫性。

40. 酗酒家庭中的成年孩子会显示出独特的症状。人们认为，酗酒家庭中的成年孩子（ACOAs）均会出现一些特殊的症状。然而，谢尔（1997）在审视了被认为与此类人群相关的症状后发现，极少有证据可以支持这种综合征的存在。此外，研究人员也对与其相关的特定症状，如相互依赖性等进行了研究。他们并未发现任何可以支持酗酒家庭中的成年孩子存在这一特性的证据。尽管如此，这类人更有可能为自己贴上相互依赖的标签，也许是因为他们已经意识到，大众心理学将这种特性与他们联系在了一起。

41. 最近，婴儿自闭症开始大规模流行。以前，人们认为自闭症是一种罕见的疾病，但是现在通常认为，大约每 150 人中便有 1 位自闭症患者（Carey，2007）。患者数量之所以会大规模增加，一种更为合理的解释就是医生放松了诊断。根据 1980 年出版的《精神疾病诊断与统计手册》（*Diagnostic and Statistical Manual of Mental Disorders*，DSM）所述，患者必须满足所有 6 项标准才能被确诊，但是根据 1994 年的修订版，患者只需满足 16 项标准中的 8 项即可被判定为自闭症。因此，用来诊断自闭症的原则变得更加宽松，从而导致自闭症患者数量增加。

42. 月圆之夜，精神病院收治的病人数量及犯罪数量都会增加。许多人认为满月与一系列奇怪的事件有关，"月球效应"即与这种信念有关。罗登与凯利（1985）在一篇元分析中审视了所有文献并最终得出结论，满月与谋杀、犯罪、自杀或是精神病院收治的病人数目之间没有任何联系。最近对于满月效应的分析为罗登与凯利的调查结果提供了支持，同时它也未能找到犬吠、急诊室患者增多或心脏病发作与月球效应之间的关联。

其他有待探索的关于心理疾病的误区：

- 精神病诊断不可靠。
- 幻觉一向是严重心理疾病的征兆。
- 多数患有广场恐惧症的人无法离开自己的家。
- 多数经历过严重创伤的人，都会患上创伤后应激障碍（PTSD）。
- 越南战争后，人们首次观察到创伤后应激障碍的症状。
- 多数恐惧障碍可以直接追溯到与其恐惧的对象相关的消极经历。
- 恋物癖患者痴迷于某些特定物体。
- 身心障碍只存在于人们的头脑之中。
- 患有疑病症的人通常会认为自己身患多种不同疾病。
- 多数厌食症患者胃口不佳。
- 注意力缺陷/多动障碍（ADHD）儿童的大脑处于过度唤起的状态。
- 自闭症患者在计算质数方面独具天赋。
- 在临床上被诊断患有抑郁症的人都处于极度悲伤的状态。
- 抑郁的人不像不抑郁的人那般现实。
- 现已证实，抑郁症是由大脑中化学物质失衡所造成的。
- 儿童不可能出现重度抑郁的症状。
- 产后女性的抑郁症发病率会急剧上升。
- 所有双相型障碍症（以前称为躁郁症）患者均经历过抑郁与躁狂发作的阶段。
- 自杀发生前往往毫无征兆。
- 多数人会在自杀前留下遗书。
- 总是将自杀挂在嘴边的人极不可能自杀。
- 向别人打听自杀的事情会增加他们自杀的风险。
- 圣诞节期间是自杀事件的高发期。

- 人们最容易在冬季艰苦的日子中自杀。
- 自杀风险最高的年龄群体是青少年。
- 女性自杀者的人数多于男性。
- 紧张型精神分裂症患者都很懒散，他们会像胎儿般躺着。
- 精神分裂症患者几乎永远也无法康复。

关于心理学与相关法律的误区

43. *多数精神病患者具有暴力倾向*。电影中的精神病患者中，75% 会使用肢体暴力且具有攻击性。与精神病患者相关的新闻报道均集中于暴力犯罪上。研究结果显示，没有药物滥用疾患的人实施暴力行为的可能性并不比其他人高，这与媒体对精神病患者的描述正好相反。在所有被诊断出患有精神疾病的患者中，90% 的人从未实施过暴力犯罪。

44. *犯罪心理画像有助于破案*。犯罪心理画像可以为警方描述出犯罪分子的性格特征，以有助于抓捕罪犯。然而，人们发现，在根据犯罪细节确定罪犯人格特征这一方面，职业犯罪心理画像师的表现与未经培训的个人相差无几。一项研究甚至发现，经验丰富的犯罪心理画像师所创建的罪犯心理画像甚至不如化学专业毕业生的画像描述得准确。

45. *很大一部分罪犯成功使用了精神病辩护制度*。辩称自己患有精神疾病就意味着可以不被追究因犯罪行为所须承担的法律责任。（美国的）麦克·纳顿法则认为，如果一个人在犯罪时并不清楚自己正在做什么，或是并不清楚自己的行为有错时，可以不追究其法律责任。多数人认为，罪犯经常使用这种辩护（占到了重罪案件的 37%），但实际上，它在全美审判中的使用率不到 1%。公众对其使用率的估计是其实际使用率的 40 倍。

46. *所有承认自己罪行的人都是真正的罪犯*。许多人会虚假认罪，认下备受瞩目的案件（全球知名的飞行员查尔斯·林德伯格的儿子被绑架后，有 200 人自首说自己就是绑匪）。此类行为背后的理由是他们需要为自己曾真实或在假想中犯下的错误进行“自我惩罚”、保护真正的罪犯，或是无法区分现实与幻想。虚假认罪者具有一些特征，如相对年轻、易受暗示的影响、有犯罪前科或服用了非法药物。

其他有待探索的关于心理学与相关法律的误区：

- 劳改计划对罪犯的再犯率没有任何影响。
- 对待少年犯最好的方法就是“对他们采取强硬手段”。
- 绝大多数家庭暴力的施暴者是男性。
- 在超级碗举办的星期天，针对女性的家庭暴力发生率会显著提高。
- 多数精神变态者都具有暴力倾向。
- 多数精神变态者都与现实脱节。
- 精神变态患者无法治愈。
- 连环杀人犯尤以白人居多。
- 警务人员的自杀率极高。
- 存在一种成瘾的人格。
- 多数强奸犯并不认识受害人。
- 现已证实，警察心理学于破案有益。
- 杀人比自杀更为常见。
- “精神错乱”是一个正式的心理学及精神病学术语。
- 精神错乱的法律认定以一个人当前的精神状态为基础。
- 辩称自己精神错乱的人多半都是在假装患有心理疾病。
- 精神错乱辩护是富人的辩护方式。

关于心理治疗的误区

47. 专家的判断与直觉是做出临床决策的最佳手段。米尔（1954）明确了两种决策方法：依靠判断和直觉的临床法及利用正式的算法（一系列决策规则）来做出结论的机械法。一项重要研究比较了临床法与机械法对于精神障碍的诊断。研究人员发现，机械预测的准确度与临床预测相当，甚至更为准确，其中包括对于精神病诊断、自杀企图，以及在校表现等方面的预测。主要原因就是，临床法根据已经掌握或治愈的病例做出决策，而机械法则选用了一个更具代表性的样本或文献作为决策的基础。人们发现，精神卫生专业人员更加重视个人经验而非在诊断中融入更广泛的研究，因此机械预测被赋予了更多的有效权重。

48. *对酗酒者而言，消除欲望是唯一现实的治疗目标*。许多人认为，酗酒是一种无法治愈的进行性疾病。因此，消除欲望便成为了酗酒者的一项必要的治疗目标。然而，美国国家酒精滥用及酒精中毒研究所（NIAAA，2006）发现，接受调查的43 093名成人至少拥有一年的酗酒史，其中36%的人已经痊愈；17.7%的人现在可以有节制地饮酒。

49. *一切有效的心理治疗都会迫使人们面对自己在童年所遭遇问题的“根源”*。弗洛伊德提出的建议中最为持久的一项就是，生活中的困难是由童年时期的经历所造成的。然而，早年的记忆往往会扭曲人们对真实事件的看法。因此，越来越多的精神治疗医师正在逐渐减少挖掘童年创伤的行为。许多人现在采取了不同的方式；例如，行为治疗师会专注于引发问题的当前行为，而认知行为治疗师的目标则是改变病人荒谬的信念。

50. *电痉挛（“电击”）疗法（ECT）是一种危险、野蛮的疗法*。很多人认为电痉挛会对身心造成伤害，研究人员发现，人们认为这种疗法十分痛苦、能引发恶心与呕吐且会损伤脑细胞。早期电痉挛的实施方式不同于现代，它会造成剧烈的抽搐、骨折，导致牙齿破损。为了防止出现此类损伤，现在接受此项治疗的患者都会被注射肌松药并进行全身麻醉。多数研究均支持这种疗法。研究结论显示，电痉挛有助于治疗重度抑郁症。

其他有待探索的关于心理治疗的误区：

- 由心理问题造成的障碍需要接受心理治疗；由生物学原因引发的疾病需要接受药物治疗。
- 治疗师的经验越丰富，治疗的成功率就越高。
- 精神科医生基本等同于心理学家。
- 治疗流派是治疗效果的最佳预测因子。
- 所有自称是精神治疗医师的人都拥有心理健康领域的高级学位。
- 多数精神疗法都会用到长沙发，并且会探索病人的早年生活。
- 多数现代疗法均以西格蒙德·弗洛伊德的教导为基础。

- 在弗洛伊德之前不存在精神疗法。
- 心理治疗有百益而无一害。
- 多数心理治疗采用的疗法获得了实证支撑。
- 毒品滥用预防教育（DARE）十分有效。
- 经历过创伤的人只有在完全“处理”这些创伤之后才能获得心理状态的改善。
- 如果无法解决问题的深层根源，心理治疗就会出现症状替代的现象。
- 很少有人能够自主戒烟。
- 尼古丁不如其他药物那般容易上瘾。
- 注意力缺陷/多动障碍是由于摄入过量糖分所造成的。
- 抗抑郁剂会大大增加自杀的风险。
- 在治疗抑郁症时，抗抑郁剂的效果远胜精神疗法。
- 多数新型抗抑郁剂，如百忧解与左洛复，比旧型抗抑郁剂更有效。
- 安慰剂只能影响我们的想象，而非我们的大脑。
- 在改善情绪方面，草药的效果胜过抗抑郁剂。
- “天然的”物质就是安全的。
- 现在极少使用电痉挛疗法。

讨论了这些被广泛接受却是错误的误区之后，进而展示一些虽然正确却违反直觉的发现就会十分有趣（见表 2.1）。与之前所讨论的 50 个误区不同，下列说法得到了科学研究的广泛支持（见图 2.1）。

表2.1　认为正确、错误或未知的误区所占的百分比

		误区数目	正确（%）	错误（%）	未知（%）
1	大脑与知觉	37	44.0	40.0	16.0
2	发展与衰老	23	42.8	42.4	14.8
3	记忆	9	39.1	39.9	21.0
4	智商与学习	28	50.3	30.3	19.4
5	意识	30	37.4	42.5	19.9

续 表

		误区数目	正确（%）	错误（%）	未知（%）
6	情感与动机	19	51.3	35.3	13.4
7	人际行为	12	50.7	30.5	18.8
8	人格	10	50.8	29.4	19.8
9	心理疾病	35	40.0	38.3	25.7
10	心理学与相关法律	21	36.8	38.0	25.2
11	心理治疗	25	34.7	41.7	25.6
	总计	249	43.4	37.1	19.5

资料来源：Furnham & Hughes（2014）。

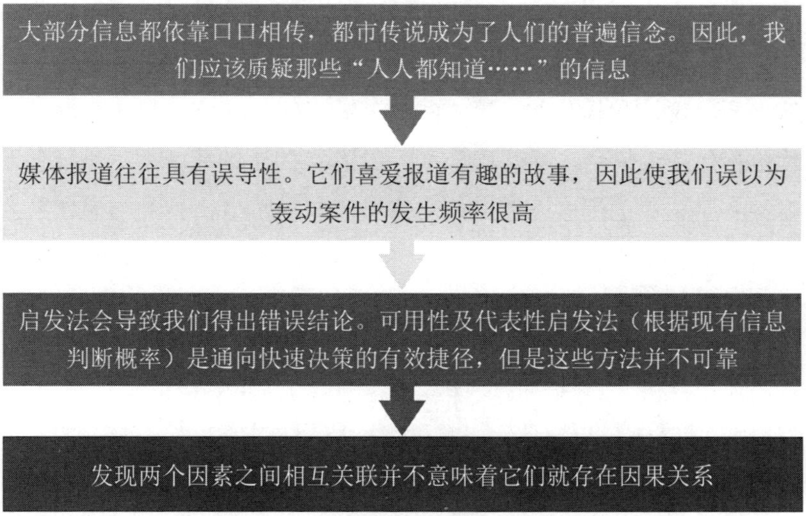

图2.1　误区产生的原因

1. 脑细胞间的神经连接约有 300 万英里长。（这个长度是地球与月球之间距离的 12 倍。）

2. 因左额叶中风而严重丧失语言能力的人能够比正常人更为准确地识别出谎言。丧失语言能力会导致识别谎言的互补技能获得发展。

3. 根据美国的人口普查资料，相当一部分人的名字与他们所生活的地方的地名相近。例如，生活在乔治亚州且名叫乔治的人的数量远比我们预期的要多，而生活在路易斯安那州的路易斯及生活在弗吉尼亚州的弗吉尼亚亦是如此。据说这是因为在这些人的身上存在一种内隐自大的因素，会在不知不觉中更为偏爱与他们相似的事物，所以才会为与自己名字类似的地名所吸引。

4. 通过握手的方式可以看出一个人的人格。握手时坚定有力的人更有可能是外向、情感外露的人，不太可能比普通人更加害羞。

5. 一些人喜欢用牙齿咬住铅笔，做出该动作时他们的脸部会呈现出微笑的表情。另一些人则喜欢将铅笔放在噘起的嘴上，此时他们的脸部会呈现出类似皱眉的表情。较之后者，前者更容易觉得动画片滑稽。面部反馈假设对这一点做出了解释。该假设认为，面部肌肉向大脑提供的反馈可以影响情绪。

这里所讨论的 50 个误区突出说明了一点，即在评估某一“事实”的真实性时，必须将多种因素考虑进来。

从本质上说，利林菲尔德等（2011）提出的 249 条“其他有待探索的误区”均被视作错误信息。这就意味着，在超过 60% 的情况下，参与者无法甄别出哪一些是错误的误区。弗海姆与休斯（2014）也认为，心理学系的学生能比普通大众识别出更多的误区，但是效果也不大，说明正规的心理学教育在减少与心理学相关的误解及错误观念方面所取得的成功有限（见图 2.2）。

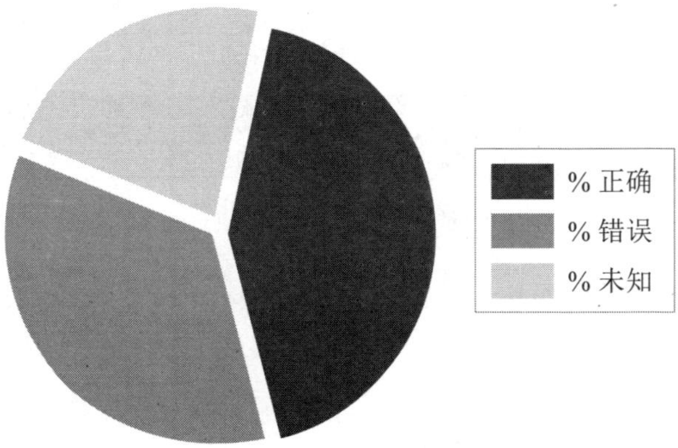

图2.2 被认为正确、错误或未知的误区所占的比例
（Furnham & Hughes，2014）

2.5
结论

之所以存在如此多的有关心理学的误区，原因有很多。某些记者喜欢简化并炒作研究项目，因此会歪曲心理学的研究结果。为了推销各色各样的产品，某些心理学从业者会针对心理过程发出各种夸张却未经证实的声明。

针对误区内的信念的研究可以追溯到一个多世纪以前，当时的理论心理学家们热衷于找到人们容易持有错误观点的领域，以便能够及时进行纠正。

为何随着心理学知识的进步，谬误性言论的数量反而出现了增长？

许多流行的心理学误区言论早已深入普通大众的心中。这主要是由于某些记者与媒体往往只会断章取义并对研究发现进行过于简单化的处理。“我们只使用了 10% 的大脑”这种言论在逻辑上就站不住脚，然而尽管心理学家一直在澄清，人们依然十分喜爱这些醒目的言论。这就使得心理学家永远无法放弃就这些误区对公众进行再教育的责任。

第 3 章

塑造心理学历史与发展的人物与时间

3.1 引言

据说，心理学与应用心理学拥有悠久的历史与短暂的过去。这就意味着，尽管至少自古希腊以来，人们便已开始探讨、争辩并描述人类行为，但是直到 19 世纪 70 年代，心理学这门学科才拥有了独立的学术部门、相关的教授、教科书，以及受到认可的所有学科所享有的其他一切。

一些人时常抱怨心理学的历史不过是名字与日期而已，也许他们所在的学校对于这门课可谓教学质量实在有些糟糕。但是，还有许多人意识到，完全不了解过去的人永远也无法从错误中获得收获。

看待心理学历史的方式有很多。我们可以审视临床心理学或工作心理学等特定领域或是具体国家、地区的心理学发展状况。不过，到目前为止，最流行的方法还是研究心理学家个人对这一学科所做的贡献。

我们在本章总结了两本广受欢迎的书籍。它们罗列了在心理学中享有重要地位的人物及其主要思想。我们按照时间线整理了上述信息。当然，心理学家们的取舍也是我们需要考虑的问题。不同的人拥有不同的喜好与偏见，这就意味着他们也许会认同自己的某位同胞或是与自己拥有相似世界观和哲学观的人，而不是那些以不同角度看待世界的外人。例如，许多人会认为威廉・冯特（Wilhelm Wundt）或威廉・詹姆斯（William James）应该获得首位（实验）心理学家的殊荣。

以下是我们的几点观察结果：

1. 绝大多数心理学思想家都来自欧洲（尤其是德国与英国）和美国。这也许证明了推崇民族中心主义的西方观点，而并非意味着来自东方或南半球的人并未对心理学做出过贡献。

2. 这是对心理学历史的回顾，并未反映出当今许多显著、重要的变化。

不过，这份名目涵盖了心理学发展历史中的所有话题，可以让人一览心理学的全貌。

3.2 心理学思想家及其思想

《心理学》（*The Psychology Book*）出版于2012年（班森等，2012），其副书名是“简单地阐释伟大的想法”。该书由六位作者合著完成，试图通过选取具有代表性的主要思想家，从八个部分阐释并描述心理学全貌。它对整个心理学领域进行了简单却全面的概括。

第二本书是哲学家罗姆·哈瑞（Rom Harré）（2006）所著的《他们改变了心理学》（*Key Thinkers in Psychology*）。哈瑞采取了完全不同的写作角度，根据每位重要思想家的哲学理念及其兴趣，将他们分为八组。

我们将在本章对这些思想家及他们的思想进行总结，帮助读者快速了解多数极为重要的心理学理论家。

行为主义者

伊万·巴甫洛夫（Ivan Pavlov），1849—1936（*俄罗斯*）：巴甫洛夫因经典条件反射理论而闻名于世。在经典条件反射理论的术语中，无条件刺激（US）指的是会引发无条件反射（UR）的事件。在巴甫洛夫对狗的研究中，狗口中的食物就是无条件刺激，由此引发的唾液分泌就是无条件反射。巴甫洛夫进一步增加了与无条件刺激相对且被称作非兴奋性条件刺激（CS）的

元素。

伯尔赫斯·弗雷德里克·斯金纳（Burrhus Frederic Skinner），1904—1990（美国）：斯金纳发明了操作条件箱，亦称斯金纳箱。他坚信自由意志只是一种幻觉，而人类行为则是由过去采取类似行为时所体验的结果带来的；因此我们可以从经验中获益。如果结果糟糕，我们极有可能不会再重复这种行为；然而，如果结果良好，我们就会强化能够引发这种结果的行为。斯金纳称之为强化原则。

他革新了他的科学哲学——激进行为主义，并且创建了属于自己的实验型研究心理学流派——实验型分析行为学。斯金纳对人类行为的分析最终成就了其著作《言语行为》（*Verbal Behavior*）及其哲学宣言《活登第二》（*Walden Two*）。这两本书的出现使得人们对于在应用环境中进行实验的兴致大增。

爱德华·桑代克（Edward Thorndike），1874—1949（奥地利）：桑代克提出了学习环境及与之相关联的损益的观点。效果法则指的是如果最初得到的反射是积极的，那么人们就更有可能重复该行为。他同样探索了智力领域，即不同年龄段的简单刺激与反射。

约翰·华生（John Watson），1878—1958（美国）：小艾伯特实验主要观察的是幼儿艾伯特对老鼠的恐惧反射所产生的影响，这是华生所做的实验中援引率最高的一项。随后，华生转而研究冷漠的抚养方式，由此诞生了依恋（attachment）这一概念。

爱德华·托尔曼（Edward Tolman），1886—1959（美国）：托尔曼进行了小白鼠走迷宫的实验，并且提出了潜在学习的观点。他开始探索认知地图与成就奖励的理念。

埃德温·格思里（Edwin Guthrie），1886—1959（美国）：格思里认为反复接触促成学习并因此产生了可预测的行为。

卡尔·拉什利（Karl Lashley），1890—1958（美国）：拉什利从神经学的角度研究行为主义。记忆痕迹尤其是他的研究重点。

郭任远（Zing-Yang Kuo），1898—1970（中国）：郭任远主要研究行为表观遗传学。他否认行为是一种本能，而认为行为属于遗传学的一部分。郭任远最知名的实验是将小猫与老鼠置于一处饲养，最终，两种动物友好相处。

约瑟夫·沃尔普（Joseph Wolpe），1915—1997（南非）：沃尔普着手研究恐惧的习得反应及该反应能否被忘却。他研究出一种通过交互抑制来理解恐惧最初的习得方式，从而忘却恐惧的方法。

阿尔伯特·班杜拉（Albert Bandura），1925—（加拿大）：班杜拉创建了社会学习理论。我们周围的人说话与行为方式各异。我们记住自己观察到的行为，随后在脑海中进行演练。如果因此受到激励，我们也会重复这些行为。这种社会学习是通过模仿实现的。他还通过波波玩偶实验研究了媒体的进攻性与暴力，以及性别发展。

发展心理学家

利维·维果斯基（Lev Vygotsky），1896—1934（白俄罗斯）：维果斯基主要的研究领域是发展心理学。他提出了有关儿童高阶认知功能发展的理论，即儿童通过在社会环境中的实践活动获得推理能力。在早期，维果斯基认为，由于推理能力的发展需要符号的介导，因此它取决于文化习俗、语言，以及普遍的认知过程。

维果斯基还提出了近侧发展区间的概念。人们通常将其理解为依靠之前的学习与指导来获取新知识的方式。

让·皮亚杰（Jean Piaget），1896—1980（瑞士）：皮亚杰以儿童认识论研究闻名于世。他的认知发展理论与认识论观点被统称为发生认识论。

皮亚杰非常重视儿童教育。他研究了儿童心灵中不为人知的一面。皮亚杰认为，儿童能够从自我中心主义转变为社群中心主义。为了解释这一点，他将心理学方法与临床方法结合在一起，创造了被他称作半临床访谈的研究形式。皮亚杰相信，思维与智力的发展过程可以被视作物种进化适应的生物过程的延伸，它同样包含两个持续的过程：同化与顺应。同化是指儿童以与现有模式一致的方式对某个新事件做出回应。顺应则是指儿童或是通过修改现有模式或是通过建立全新模式来应对某个新事物或新事件。皮亚杰认为，智力的发展会经历一系列与年龄有关的阶段。同时，这也是一种渐进式的发展，因为只有在完成前一阶段之后才能进入下一阶段。

爱利克·埃里克森（Erik Erikson），1902—1994（德国）：埃里克森提出了人格发展的八个阶段。一切能够发展的事物之中都存在一张平面图，各部分在此基础之上发展而来。人格的发展需要经历八个阶段。只要能够成功跨越每一阶段，我们的心理就能得到健康的发展。未能成功度过某一阶段将造成心智缺陷。

布鲁诺·贝特尔海姆（Bruno Bettelheim），1903—1990（奥地利）：与母亲关系亲密当真有益吗？贝特尔海姆认为事实未必如此。

哈里·哈洛（Harry Harlow），1905—1981（英国）：哈洛的研究与约翰·鲍比类似，不过他以动物为研究对象，重点关注猴子与学习关键期。

约翰·鲍比（John Bowlby），1907—1990（英国）：鲍比研究了儿童依恋父母的各种方式。根据鲍比的观点，婴儿出生后的前 24 个月是一个关键期。如果儿童与父母之间的依恋关系在这一阶段遭到破坏，这种伤害极为严重且具有永久性。他研究了父母双方，而不仅仅是母亲所起的作用。

玛丽·爱因斯沃斯（Mary Ainsworth），1913—1999（英国）：爱因斯沃斯的研究与鲍比相似，不过母亲与婴儿之间的依恋才是她的研究重点。她开发出“陌生情景”（strange situation）测试，用以测量与研究依恋的类型。

肯尼思·克拉克（Kenneth Clark），1914—2005（美国）：克拉克研究的是偏见与儿童的关联。3 岁的儿童已经有了种族意识并开始形成偏见。20 世纪 30 年代，不论是白人儿童还是黑人儿童，均对黑色人种存有偏见并偏爱白皮肤。这就导致了种族隔离及来自父母与老师的社会影响。

劳伦斯·柯尔伯格（Lawrence Kohlberg），1921—1987（美国）：柯尔伯格创建了道德推理。人的一生会经历道德发展的六个阶段。前两个阶段属于前习俗水平，道德行为由惩罚等手段决定。中间的两个阶段属于习俗水平，个人行为与他人心目中的正确行为保持一致。最后的两个阶段属于后习俗水平，个人成为最终的道德评判者。

史迪芬·平克（Steven Pinker），1954—（加拿大）：有多少行为是天生的？平克研究无中生有这一概念及我们生来便开始学习的方式。

西蒙·巴伦-科恩（Simon Baron-Cohen），1958—（英国）：巴伦-科恩研究大脑类型及成人大脑的同理心—系统化理论。女性大脑生来便具有同理心，而男性大脑则生而就有创建系统的能力。例如，自闭症患者不具备同理心，因此，自闭症是男性大脑的极端形式。

认知主义者

弗雷德里克·巴特莱特爵士（Sir Frederic Bartlett），1886—1969（英国）：剑桥大学首位实验心理学教授，同时也是认知心理学的先驱之一。然而，尽管巴特莱特认为他在认知心理学中所做的工作属于社会心理学研究的范畴，但是认知心理学的最新发展却使得他提出的观念变得与众不同。

他最著名的研究之一就是针对记忆的认知及社会过程研究。他检索了一系列短篇寓言（其中最著名的一则是名为“灵魂之战”的印第安寓言）。所有寓言均由一系列貌似符合逻辑，但又隐隐透着不合逻辑之处的事件所构成，其中还有一些不起眼且不合逻辑的推论。巴特莱特将这些故事说给实验对象听，随后（有时会隔上很久）要求他们尽可能回忆故事内容。他发现，多数人很难确切地回忆起这个故事，即便反复阅读之后亦是如此。他假设，一旦故事的要素与听众心中的图式不匹配，人们便会在回忆中抹去这些要素或是将它们转化为自己更加熟悉的形式。

乔治·凯利（George Kelly），1905—1967（美国）：凯利提出了个人构念理论。他对于人格的根本观点是，人就像幼稚的科学家一样，会根据他们独有的构念系统，透过独特的视角观察世界。这些构念系统也是他们借以预测事件的工具。但是由于人们是幼稚的科学家，有时，他们会在构建世界的过程中使用一些被特殊经验扭曲的系统，而这些经验并不适用于当前的社会情境。如果某种构念系统一直无法表现出某一事件的特性或是对其进行预测，并且没有为理解和预测个人所处的不断变化的社交世界而进行适当的修改，那么它就将成为精神病理学（或精神疾病）的基础。

杰罗姆·布鲁纳（Jerome Bruner），1915—（美国）：美国认知心理学运动的先驱之一。他的认知心理学研究始于将感觉和知觉作为主动而非被动过程进行研究之时。1947 年，布鲁纳发表了经典研究《价值与需求作为知觉中的组织因素》（*Value and Need as Organizing Factors in Perception*）。他在研究中要求来自贫穷与富有家庭的孩子估计硬币，以及与 1 美分、5 美分、10 美分、25 美分和 50 美分尺寸相当的木盘的大小。结果表明，来自不同家庭的儿童赋予硬币的价值与需求会导致他们显著地高估它们的大小。相比之下，他们对于同样大小的木盘的估计则要准确得多。同样，布鲁纳与利奥·波特曼（Leo Postman）共同进行的另一项经典研究则表明，如果在一副扑克牌中夹杂了几张颜色与花色相反的牌（如红桃与黑心），受试者识别出这些纸牌的反应速度便会减慢，而且准确性也会降低。

这一系列实验催生了一些人口中的“新观点”心理学，激励心理学家不仅要研究有机体对刺激的反应，还应探究有机体对于这种刺激的内部解释。继针对知觉的实验之后，布鲁纳开始将注意力转移到对实际认知的研究上，之前他曾在知觉研究中对其进行过间接的研究。

诺姆·乔姆斯基（Noam Chomsky），1928—（美国）：乔姆斯基被称作“现代语言学之父”，同时也是分析哲学领域中的重要人物。乔姆斯基的语言学理论的基础是，语言结构的基本原理由人脑中的生物学因素决定，因此可以通过遗传来获得。所以，他认为，无论社会文化存在何种差异，人类的基本语言结构都是相同的。在这方面，他反对斯金纳提出的激进的行为主义心理学，并且反驳说人类语言与其他动物的交流模式不同。

布尔玛·蔡格尼克（Bluma Zeigarnik），1901—1988（俄罗斯）：蔡格尼克效应指的是服务员能够记住顾客订单中尚未付款的物品。她采用中断性任务来测试记忆并总结说这是由于记忆尚未闭合造成的。

利昂·费斯廷格（Leon Festinger），1919—1989（美国）：如果心中出现

两个相互冲突或是不一致的信念时，我们就会变得十分不安。这种状态叫作认知失调。如果接受这种状态，失调就会加重，因此我们要想办法使它们保持一致。这被称作坚定不移的信念。

乔治·阿米蒂奇·米勒（George Armitage Miller），1920—2012（美国）：信息首先进入工作记忆。工作记忆的容量有限——大约只能记住七项内容（七个类别）。如果将信息组织成块状就更容易存储。它可以容纳 7+/−2 项内容。

亚伦·贝克（Aaron Beck），1921—（美国）：贝克开启了认知革命。心理分析疗法研究患者的潜意识，认知疗法则关注人们的知觉。认知疗法具有强大的实验证据；有助于我们更好地了解疾病的表现形式。

罗伯特·扎荣茨（Robert Zajonc），1923—（美国）：反复接触一项刺激会使人们对其产生熟悉感。这将带来态度上的变化并表现为偏好或喜爱。在人们尚未意识到这种情绪化的偏好之前，它便已出现在了潜意识层面。

罗杰·布朗（Roger Brown），1925—1997（美国）：布朗研究了基于高惊吓值的闪光灯记忆。

唐纳德·布罗德本特（Donald Broadbent），1926—1993（英国）：通过感官获取的信息会被暂时存储在短期记忆中。这些信息经过过滤之后，仅有一条会引起我们的注意。短时记忆就像是一个 Y 形管，所有信息都将被倾倒在其中，而 Y 形管的瓶颈只容一股信息流通过。

安道尔·图威（Endel Tulving），1927—（爱沙尼亚）：情节记忆不同于语意记忆，它与事件和经验有关。时间与地点 = 源于情节记忆的联想。结合感觉线索可以形成更为全面的记忆。只有人类才能“重回过去”，追忆往昔。独立的记忆类型可以进行自由回忆。

罗杰·谢泼德（Roger Shepard），1929—（英国）：谢泼德研究了大脑理解信息的方式，以及大脑负责处理并从中做出推断的“感官数据”。他通过两张桌子的图像及对心理旋转的观察来理解错觉。他进行了错觉实验，并认为知觉是“受外部引导的幻觉”。

丹尼尔·卡尼曼（Daniel Kahneman），1934—（美国）：诺贝尔经济学奖获得者，研究风险与决策。卡尼曼提出了启发法与前景理论。他的研究表明，我们并不像自己所想的那般冷静与理性。从某种意义上来说，我们懒惰、脑子转得很快，但也会犯下很多错误。

伊丽莎白·洛夫特斯（Elizabeth Loftus），1944—（美国）：洛夫特斯研究了记忆的不可靠性。记忆的暗示感受性、著名的诱导性问题研究，以及误导信息效应是其研究邻域。她的研究也具有法律意义。虚妄记忆综合征与不可靠的疗法也是她的主要研究领域。

保罗·萨尔科夫斯基（Paul Salkovskis），1950—（英国）：萨尔科夫斯基是首批广泛使用并推广认知行为疗法的人。他使用该疗法来治疗强迫症（OCD）。人人都有不受欢迎的想法；一些人无法摆脱这些想法，因此它们变得过于重要、几近病态。强迫症由此而生。

丹尼尔·夏克特（Daniel Schacter），1952—（美国）：记忆的七宗罪十分重要。有时，我们会因为稍纵即逝、心不在焉及阻断而遗忘重要的事情。记忆会因为张冠李戴、暗示感受性及偏差而出现混乱。我们也希望能够通过坚持而达到遗忘的目的。

情绪心理学家

尼科·弗莱吉达（Nico Frijda），1927—2015（荷兰）：情绪本质上属于一种无意识的过程。情绪是驱动力，是自发的生物进程。人们可以通过脸红之类的举动来理解情绪。感受是我们解释情绪的方式，而我们能够有意识地察觉自己的感受。他人无法对此做出猜测，因为感受易于伪装。

保罗·埃克曼（Paul Ekman），1934—（美国）：情绪是一辆失控的火车。在我们察觉之前，情绪便有可能已经产生。因此，我们很难控制自己的情绪。情绪可以盖过一些基本的驱动因素。例如，厌恶可以压倒饥饿感。存在六种基本情绪。

米哈里·契克森米哈赖（Mihaly Csikszentmihalyi），1934—（意大利）：参

与我们喜欢的活动时，我们会全身心投入并达到心流状态。我们专注、宁静；体会到一种永恒感与清晰感；我们察觉不到自己的存在。心流与狂喜类似。

马丁·塞利格曼（Martin Seligman），1942—（美国）：塞利格曼研究了“幸福生活”的概念。幸福的生活分为三种：舒适的生活——追求成长、实现心流；有意义的生活——献身于比自己更重要的事业；快乐的生活——交际、寻求快乐。这些将带来持久的幸福，但是如果离开社会关系，便无法实现这种幸福。社会关系并不等同于幸福，但是如果没有社会关系，幸福就不会降临。

社会心理学家

威廉·麦克杜格尔（William McDougall），1871—1938（英国）：麦克杜格尔撰写了不少极具影响力的教科书，在本能理论以及英语国家的社会心理学理论的发展过程中起着举足轻重的作用。他反对行为主义。20世纪上半叶，他处于英美心理学思想发展的主流之外。

弗里茨·海德（Fritz Heider），1896—1988（奥地利）：海德的研究与格式塔学派有关。他创建了社会心理学中的归因与认知平衡的方法。在《人际关系心理学》（*The Psychology of Interpersonal Relations*）一书中，海德收录了自己早期对于通俗心理学或常识心理学的研究，为理解书中所提出的人际关系提供了基本材料。书中提出几个极具影响力的想法。海德认为，社会知觉所遵循的许多规则都与实物知觉的规则相同。实物知觉中的结构也存在于社会知觉中。由于实物知觉中的偏见有时会引发错误（如视错觉），人们也有可能在社会知觉中发现同样可能导致错误的偏见（例如，低估社会因素的作用，高估人格与态度对行为的影响）。

穆扎费尔·谢里夫（Muzafer Sherif），1906—1988（土耳其）：谢里夫是现代社会心理学的创始人之一。他为理解社会进程，尤其是社会规范与社会冲突，开发出几种独特且强大的技术。他对社会心理学的许多原创性贡献已完全渗入该领域，以至于在社会心理学的发展与发现中已经找不到他的身影。其他人在重塑社会心理学的过程中理所当然地运用了他做出的贡献，将他的观点当成一种全新的想法再次提了出来。

所罗门·阿希（Solomon Asch），1907—1996（波兰）：阿希是美国格式塔（完形）心理学家与社会心理学的先驱。他在印象形成、威信暗示、顺从等众多领域均发表过具有重要影响的论文。他的研究遵循了格式塔（完形）心理学的一个共同主题，即整体不仅大于部分之和，而且整体的性质会从根本上改变部分。阿希对于人类如何形成对他人的印象这一话题很感兴趣。尽管人体结构十分复杂，我们依然很容易便能形成对他人的印象。他对此十分好奇。阿希尤其关心我们建立对于他人印象的过程及是否存在调整这些印象的原则。阿什认为，“了解一个人就是抓住一个特定的结构”。他通过实验证明了形成印象：（1）是一个有组织的过程；（2）该特征与其他特征有所不同；（3）人们已经发现可以与外围特性相区别的核心特性；（4）观察到和谐与矛盾的关系。

迈克·阿吉尔（Michael Argyle），1925—2002（英国）：阿吉尔所做的一些最为知名的贡献均集中在这一领域。他对凝视尤为感兴趣。他最著名的著作之一《人际行为心理学》（*The Psychology of Interpersonal Behavior*）成为一部畅销书。阿吉尔为心理学的许多领域做出了贡献，其中包括宗教心理学、社交技巧、非言语交际、幸福心理学，以及社会阶层心理学等。

塞奇·莫斯科维奇（Serge Moscovici），1925—2014（罗马尼亚）：莫斯科维奇认为，从许多方面来说，多数影响具有误导性——如果它们的确十分强大，就不会出现不同的思想。加布里埃尔·塔尔德（Gabriel Tarde）的著作引起了他的注意。莫斯科维奇指出，多数主要社会运动的发起人均为个人与小团体。如果没有直言不讳的少数派，便没有创新与社会变革。他最为知名的研究是“在一项色彩感知任务中，始终存在的少数派对多数人的影响”，现在被认为是针对少数派影响力的最典型的调查之一。

梅尔文·勒纳（Melvin Lerner），1929—（美国）：我们相信人可以获得自己应得的东西。人们相信自己生活在安全、稳定、有序的世界之中，即厄运只会降临在恶人头上。人们将不幸归咎于受害者自身，以此消除自己的脆弱感。

艾略特·阿龙森（Elliot Aronson），1932—（美国）：阿龙森提出了认知失调的概念。在某些情况下，理智的人也会做出疯狂的事。如果不清楚引发该行为的社会环境，我们可能会认为他们存在性格缺陷，因为我们不理解事情的来龙去脉。

斯坦利·米尔格拉姆（Stanley Milgram），1933—1984（美国）：米尔格拉姆研究范围广泛，一生笔耕不辍。他在20世纪60年代担任耶鲁大学教授期间所进行的有关服从权威的研究，极具争议且最为知名。他探索了团队的力量与服从的感觉。罪责的归属也是他的主要研究领域。小世界实验及失信实验等其他实验也改变了社会心理学的发展。

菲利普·津巴多（Philip Zimbardo），1933—（美国）：津巴多的监狱实验举世闻名。他研究了角色接受与个性变化，以及遵从社会压力与权威。

伊格纳西奥·马丁–巴洛（Ignacio Martín-Baró），1942—1989（西班牙）：伊格纳西奥·马丁–巴洛研究的是受过心理创伤的社会。主流心理学以公正和普遍为目标，因此并未探讨特定情景与环境是如何塑造心理健康的。要想理解创伤，就必须了解人们所处的社会政治环境。

威廉·格拉瑟（William Glasser），1925—2013（美国）：格拉瑟研究了选择理论。我们生来就是社会人；爱与归属感对我们而言十分重要。如果亲密的人际关系陷入了困境，我们就会变得不快乐。许多不幸都与精神疾病有关。可以通过修复人际关系来治疗心理疾病。

研究智能的计算学家

艾伦·图灵（Alan Turing），1912—1954（英国）：图灵常被视作现代计算机科学之父。通过图灵测试，他对围绕着人工智能所产生的争论所做出的贡献意义重大且具有独特的争议性：是否有可能认为机器具有意识并能够进行思考。他利用图灵机正式推出算法与计算的概念并使之具备了影响力，从而构建出当今被广泛接受的“图灵”版邱奇—图灵论题，即任何实用的计算模型都具有与图灵机等同或部分等同的能力。

赫伯特·西蒙（Herbert Simon），1916—2002（美国）：西蒙是包括人工智能、信息处理、决策、问题解决方案、注意力经济、组织理论、复杂系统，以及计算机模拟科学发现等在内的当今一些重要科学领域的创始人之一。他制定了限制理性与满足的条件，是首位分析复杂性架构并用优先链接机制来解释幂率分布的人。

西蒙与艾伦·纽维尔（Allen Newell）合作，利用产生式规则建立起一个用以模拟人类解决问题这一行为的理论。要想研究人类解决问题的行为，就需要新型的人类测量方式。他与安德斯·艾利克森（Anders Ericsson）合作开发了言语协议分析的实验技术。

马文·明斯基（Marvin Minsky），1927—2016（美国）：明斯基与西摩尔·派普特（Seymour Papert）在麻省理工学院的人工智能实验室中开创了后来被称作心智社会的理论。该理论试图解释为何被我们称为智力的东西可以是非智力因素互动的产物。明斯基曾尝试着创建一台可以使用机器手臂、摄像机和计算机来搭建积木的机器。他表示，这项工作是心智社会最主要的思想源泉。

约翰·塞尔（John Searle），1932—（美国）：塞尔因进行了“中文房间”这一思想实验而闻名。他试图证明，人类的思想不只限于数学计算。他的主要假设是，计算过程本身无法“理解”事件与过程。简单来说，他试图向人们展示，计算机无须掌握人类语言也能处理信息。他用以佐证自己观点的例子具有很大的争议性。他在理论中描述了一个被隔绝在房间里的人。此人收到了从屋外塞进来的写有汉字的纸条。即便不懂中文，只要配备了正式的分类排序程序，他也能用这些汉字排列成有意义的语句。这个房间就好比是计算机。持不同意见的人认为房间的作用应该相当于整个大脑；中文理解能力是整个大脑的凸显特征，而非其中某一区域的特征。

乔伊·吉尔福特（Joy Guilford），1897—1987（美国）：吉尔福特开启了在今天被众多企业追捧的测量热潮。我们既可以通过求同思维来解决问题，也可以通过智商来对解决方案进行测试。创造性的解决方案有赖于发散思维；因此，为了测试这一方案，需要对解决问题的能力与想象力进行测试。心理测量学由此而生。

生物心理学家

怀尔德·彭菲尔德（Wilder Penfield），1891—1976（加拿大）：彭菲尔德与同事赫伯特·贾斯珀（Herbert Jasper）一起，通过摧毁位于癫痫诱发区域的脑部神经细胞来治疗严重的癫痫症患者。术前，彭菲尔德会用电探针刺激躺在手术台上、意识依旧清醒的患者（他们只接受了局部麻醉）的大脑并观察其反应，这样便能更准确地找到相关脑区，减少手术的副作用。他还利用这项技术绘制了大脑的感觉与运动皮层图，显示出它们与四肢及各种器官之间的联系。这些脑图至今仍在使用，几乎没有进行过改动。

亚历山大·鲁利亚（Alexander Luria），1902—1977（俄罗斯）：鲁利亚—内布拉斯加神经心理测验是以鲁利亚提出的有关神经心理功能的理论为基础而进行的标准化测试。测试包含 11 项分量表：运动功能、节奏、触觉功能、视觉功能、感受性言语、表达性言语、写作、阅读、算术、记忆与智力过程。

康拉德·劳伦兹（Konrad Lorenz），1903—1989（奥地利）：劳伦兹常被视作现代动物行为学的创始人之一。自他的老师奥斯卡·海因罗特（Oskar Heinroth）这一代起便已开始探求相关的研究方法。劳伦兹研究了动物，尤其是灰雁与寒鸦的本能行为。他在鹅的身上重新发现了印记原则。

卡尔·H. 普里布拉姆（Karl H. Pribram），1919—2015（奥地利）：普里布拉姆在大脑皮层方面实施了开创性的工作。公众对于他所提出的认知功能的完整大脑模型，以及他对记忆印记的神经学研究所做的贡献更为熟悉。“精神”体验的神经生理学基础也是他的研究范围。

知觉心理学家

弗里茨·波尔斯（Fritz Pearls），1893—1970（德国）：波尔斯在康德的基础上，创建了格式塔理论。涉及对于我们自身客观真理的质疑：我们需要研究那些塑造了我们对于世界的经验的人类视角。格式塔心理学（完形心理学）是一种与思想和大脑有关的理论，它指出大脑在运作时遵循整体、平行、类比的原理，具有自组织的倾向。经典的格式塔范例是一个肥皂泡，其球体形状（格式塔）并非由严格的模板或数学公式形成，而是通过表面张力在球体表面所有点同时展开平行作用而自发出现的。

沃尔夫冈·柯勒（Wolfgang Köhler），1887—1967（爱沙尼亚）：柯勒进一步发展了格式塔理论。他利用黑猩猩来证明自己的观点。一只黑猩猩在反复尝试之后依旧未能获得成功，于是它停下来思索。后来，它形成了自己的见解并在日后将这种见解应用到了类似问题上。因此，它是活跃的学习者。本能是一种动态模式。这就是顿悟学习。

詹姆斯·吉布森（James Gibson），1904—1979（美国）：20 世纪视知觉领域最重要的心理学家之一。他拒绝在研究工作中使用当时流行的行为主义观点，因为他根据自己的实验结果，开创性地提出了动物从“周围的”外部世界进行信息“采样”的理念。他还创造出功能承受性这一术语，意指由特定物体或环境所提供的采取行动的机会。这一概念在设计与人体工程学领域极具影响力；例如，唐纳德·诺曼（Donald Norman）曾与吉布森开展过合作，并在其理论中融入了很多吉布森的想法。吉布森强烈支持直接知觉或直接实在论而非认知间接实在论。他将这种新的方法称作生态心理学。

戴维·马尔（David Marr），1945—1980（英国）：马尔认为视觉是一种信息处理系统。他与托马索·波焦（Tomaso Poggio）一同提出，人们必须理解位于三个互补分析层的信息处理系统。认知科学称其为马尔的三层假说：

- 计算层：该系统的作用（例如，它能够解决什么问题）及其原理是什么？

- 算法/表征层：该系统如何实现其功能？具体来说，它采用何种表征、何种过程来构建、操控这些表征？
- 物理层：如何从物理上实现该系统？就生物视觉而言，何种神经结构与神经元活动可以实现视觉系统？

戴维·胡贝尔（David Hubel），1926—2013（加拿大）：胡贝尔和威塞尔实验极大地拓展了感觉处理领域的科学知识。两人之间的伙伴关系持续了 20 年，被称作科学界最杰出的研究搭档之一。他们发现，如果用光线从一个角度照射神经元，一些神经元会快速发射，而另一些则需要在其他角度下才能呈现出最佳反应。一些神经元对明暗图案反应不一。胡贝尔和威塞尔称这些神经元为简单细胞。另一些被称作复杂细胞的神经元不论被放置在神经元感受区域中的何处，都能检测到边缘并有可能优先检测到某些方向上的运动。这些研究展示了视觉系统是如何从简单的刺激特征中构建出复杂的视觉信息表现的。

理查德·格里高利（Richard Gregory），1923—2010（英国）：格里高利对该学科的主要贡献在于他推动了认知心理学，尤其是知觉假设的发展。这种方法源于赫尔曼·冯·亥姆霍兹（Hermann von Helmholtz）（1821—1894）及其学生威廉·冯特（Wilhelm Wundt）（1832—1920）的研究工作。这两位德国人为感官研究，尤其是视觉与听觉研究的工作原理奠定了基础。按照格里高利的观点，正是因为亥姆霍兹，我们才认识到知觉不仅被动地接受刺激，而且是一种涉及记忆与其他内部程序的主动工序。

格里高利用一个关键的比喻进一步发展了这一想法。大脑综合形成对外部世界的清晰、连贯的看法这一过程类似各学科通过假设演绎法建立世界观的方式。尽管两者发生在完全不同的时标之中，发生在一个人的头脑而非团体之中，但是按照格里高利的说法，知觉与科学的方法之间存在许多共性。格里高利撰写的一系列著作详细阐述了这种想法。格里高利的主张与美国直接现实主义心理学家吉布森背道而驰。

人格理论学家

戈登·奥尔波特（Gordon Allport），1897—1967（美国）：首批研究人格的心理学家之一，常被称作人格心理学的创始人之一。他促成了价值量表的形成。奥尔波特拒绝从精神分析的角度来分析人格，因为他认为这种方式挖得太深；同时，他也拒绝采用行为主义的方式，因为这种方法往往挖得不够深。他强调，在理解人格时，要注重每个人的独特性及当下语境，而非过去历史的重要性。

雷蒙德·卡特尔（Raymond Cattell），1905—1998（英国）：卡特尔因其在多个心理学领域的研究而知名，其中包括人格与性情的基本维度、各种认知能力、动机与情绪的动态维度、人格的临床维度、集体行为与社会行为的模式、人格研究在精神疗法和学习理论中的应用、创造力与成就的预测指标，以及许多用以探索和测量这些领域的科学研究方法等。作为一位心理学家，卡特尔严格忠实于科学的方法。他是因素分析法的早期支持者，拒绝“借助口头理论”来探索人格、动机和认知能力的基本维度。卡特尔应用因素分析取得的重要成果之一就是发现了人格的 16 项基本因素。他将这些因素称为“潜在基本品质”，因为他相信，这些因素为那些被我们视作人格的表面行为提供了潜在源泉。人格因素理论及用来测量这些因素的工具分别被称作 16 型人格与 16 种人格因素问卷。

汉斯·艾森克（Hans Eysenck），1916—1997（德国）：艾森克以其在智力与人格领域的研究而知名，尽管他的研究领域极为广泛。在去世之前，艾森克已成为科学杂志中援引率最高的在世的心理学家。他在 1947 年出版的著作《人格的维度》（*Dimensions of Personality*）中描述了两种人格维度：外向型与神经过敏型。人格心理学通常用它们的首字母 E 和 N 来指代这两者。外向型与神经过敏型为描述行为的个体差异提供了一个二维空间。打个比方，这就像是用纬度和经度来描述地球表面的一个点。此外，艾森克还指出，这两者与最初由希腊医学家希波克拉底提出的四种人格类型十分相似。

留温·戈夫曼（Erving Goffman），1922—1982（加拿大）：戈夫曼在人际互动领域的研究取得了实质性的进展。他用“拟剧法”来研究人际交往，并且提出许多尤其是在日常生活的微观社会学领域产生了巨大影响的概念。他的许多研究都与日常行为的组织，一个被他称作“互动秩序”的概念有关。他将框架这一社会学概念应用到了博弈论之中，并对互动与语言学的研究做出了贡献。关于后者，他认为，言语活动必须被视为一种社会概念，而不是语言结构。

戴维·麦克莱兰（David McClelland），1917—1998（美国）：麦克莱兰总结了领导者的三项关键需求。他同时也研究了相关模型：动机是工作绩效的重要组成部分，但是人们口中的动机不能信以为真，因为动机在很大程度上是无意识的。他的测试揭示了三种动机：成就、权力与从属关系。

瓦尔特·米舍尔（Walter Mischel），1930—（奥地利）：米舍尔研究了预测行为的方式并得出结论：除了人格之外，我们还需要关注外部因素。人与事之间的关系是预测行为的关键。

精神分析学家与治疗师

西格蒙德·弗洛伊德（Sigmund Freud），1856—1939（奥地利）：弗洛伊德探讨了催眠与歇斯底里的概念。他研究了普通人的大脑及其构成，即早期的童年经历及由此引发的固着。这涉及动态思维、激励因素和潜意识。这种方法产生了精神分析治疗，如解梦与催眠疗法。

艾尔弗雷德·阿德勒（Alfred Adler），1870—1937（奥地利）：阿德勒通过研究自我及其概念，超越了弗洛伊德。尤其是他研究了自卑情结及其成因。

卡尔·荣格（Carl Jung），1875—1961（瑞士）：荣格将恩师弗洛伊德的理论与哲学方法结合在了一起。他对原型、集体无意识及无中生有等概念十分感兴趣。这些原型被阐释为梦，因此释梦成为了深邃的诊断方法。

梅拉妮·克莱恩（Melanie Klein），1882—1960（奥地利）：克莱恩提出可以调动性欲来对抗攻击行为，她研究了创造与发展的概念，开创了儿童心理学方面的许多研究工作。她提出了快乐、痛苦及随之出现的不断冲突的概念。

格伦·霍尼（Karen Horney），1885—1952（德国）：霍尼研究了社会环境及其在健康领域的应用。我们需要提防有害环境，努力成为理想的自我。

安娜·弗洛伊德（Anna Freud），1895—1982（奥地利）：她扩展了超我和自我的概念。更为重要的是，她列明并讨论了自我防御机制。

唐纳德·温尼科特（Donald Winnicott），1896—1971（英国）：温尼科特挑战了儿童的教养方式决定一切的概念，质疑了被爱与被恨的关系决定了我们对于应该爱什么这个问题的真正理解这种想法。反移情的想法以此类概念为中心。他还研究了用以测试看护人的“反社会倾向”，讨论了仇恨及唤起的情绪反应。这些想法尤其以被收养或接受过收养计划的儿童为中心。他探讨了健康的仇恨的概念，即适当仇恨的想法，随后适用治疗关系协助解决这些问题，并且指出此举的重要性。

埃里希·弗罗姆（Erich Fromm），1900—1980（德国）：弗罗姆讨论了无法被社会群体认可这一概念，以及可能产生的结果。因为从自然界及彼此之中分离了出来，人生充满了焦虑与无力感。我们可以通过发现自己的想法与能力、接受自己的独特性且培养爱的能力来克服这些情绪。

杰克斯·拉康（Jacques Lacan），1901—1981（法国）：拉康研究了自我和他所谓的“他者”之间的关系。超越了自我边界的一切都是他者。他指出，我们通过他者的存在对自我进行定义与重新定义。我们通过语言了解世界。潜意识是他者的话语。

卡尔·罗杰斯（Carl Rogers），1902—1987（美国）：罗杰斯的主要理念是实现精神与身体的幸福状态。按照罗杰斯的观点，为了享受美好的生活，我们需要接受经验、活在当下、相信自己、为自己的选择负责、积极关注他人。他的研究促成了以人为中心的研究方法。

维克多·弗兰克（Viktor Frankl），1905—1997（奥地利）：弗兰克研究了诸如抑郁症与预防自杀等临床领域的课题。

亚伯拉罕·马斯洛（Abraham Maslow），1908—1970（美国）：著名的马

斯洛需求层次理论指的是为实现成功与自我超越而必须满足的需求。这有助于达到最佳的幸福状态。这种层次结构常被应用于从临床到组织等各种心理学领域。

佛朗索瓦斯·多尔托（Françoise Dolto），1908—1988（法国）：多尔托谴责了试图教导所有人服从的道德与传统教育体系。

罗洛·梅（Rollo May），1909—1994（美国）：他是存在主义心理治疗之父，研究了更广泛的人生经验。例如，痛苦是人类体验的正常组成部分。他提出了接受负面经验并从中吸取经验教训的方法。

艾伯特·埃利斯（Albert Ellis），1913—2007（美国）：经验不会引起任何特定的情绪反应。埃利斯指出，面对糟糕的事件时，我们既可以表现得毫无理性，也可以思考应该如何应对。如果选择做出非理性行为，那些或许无用、无益的思维方式将得到强化，从而导致我们对自己做出更低的评价。相比之下，思考应对方式将带来有益的策略与无限的可能。他具体研究了条件反射、挑战信念、建构主义理论与主动疗法。

弗吉尼亚·萨提亚（Virginia Satir），1916—1988（美国）：在我们长大成人的过程中，我们在家庭中所扮演的角色起着至关重要的作用。我们根据自己的角色学会了如何以特定的方式回应家人。这些反应塑造了我们将在压力之下选择的角色。这个角色可以压倒自我意识。在这种方法中，家庭是制造人类的“工厂”。角色扮演是该理论的一个重要方面。

保罗·瓦兹拉威克（Paul Watzlawick），1921—2007（美国）：为了使治疗能够起效，我们需要了解自己及情绪产生的原因。同时，瓦兹拉威克也研究了“线性”观点，即必须在理解过去、现状，以及可能的未来的基础上才有可能取得进展。治疗关系也很重要。

多萝西·罗（Dorothy Rowe），1930—（澳大利亚）：不再责备自己便能战胜抑郁症。我们会因为“公正世界”的要求而责怪自己。一旦开始重新思考自己的信念，我们就可以进行更为理性的思考。

精神病理学家

科比特·西格彭（Corbett Thigpen），1919—1999（美国）：西格彭提出了多重人格障碍这一概念，并且指出这种疾病有可能随着不同人格特质之间的互动而出现。

戴维·罗森汉（David Rosenhan），1932—（美国）：罗森汉采取了反精神病学的研究方法。由于精神科医生认为可以通过症状准确地诊断出精神障碍，因此他们应该可以区分出神志正常的人与精神错乱的人。罗森汉的实验表明，这种观点并不成立；标准只存在于观察者的头脑之中。

3.3 结论

本章列举了心理学家研究过的众多主题。150 年来，从记忆到婚配，从人格到偏见，具有不同背景、在不同领域接受过培训的心理学家研究了各类心理学话题。

理解一门学科的好方式往往是研究它的历史。19 世纪后，心理学才开始在欧洲与美国蓬勃发展起来。许多重要的心理学家纷纷将自己的理论与思想结集出版，为心理学这一学科打下了坚实的基础。从行为主义到精神分析、认知心理学、社会心理学与精神病理学，显然，我们对心理学的认识正在随着时间的推移而不断发展和完善。

/ 第 4 章 /

科学、伪科学与阴谋论

4.1 引言

心理学算是一门科学吗？还是说它只不过是一堆常识？想想那些支持与反对科学及常识的言论吧。

亲科学派

- 科学家宁可数数也不愿胡乱猜测。 葛拉克曼（M.Gluckman）
- 科学是有条理的常识，只需一个丑陋的事实便能击垮众多美妙的理论。
  赫胥黎（T.H.Huxley）
- 也许科学可以被描述为一门系统性地进行过度简化的艺术。
  波普尔（K.Popper）
- 科学家不会为了了解而去发现：他想要在了解之后再去发现。
  怀特黑德（A.N.Whitehead）
- 科学在刺痛我们的自尊的同时，也赋予了我们更大的力量。
  贝尔纳（C.Bernard）
- 科学处理的是你所知道的事情，而哲学处理的则是你所不知道的事情。
  罗素（B.Rusell）
- 你心里十分清楚，只有科学家才会觉得，确保理论正确无误远比使之具有条理性重要。 汉普顿（C.Hampton）

反科学派

- 科学始终是错误的：为了解决一个问题，它会制造出十个新问题。
萧伯纳（G.B.Shaw）
- 我厌倦了所有这些所谓的科学……在过去几年中，我们已经在它们身上斥资数百万美元，现在是时候终结这一切了。卡梅伦（S.Cameron）
- 有史以来最为有害却又广泛流传的错误信仰之一就是，科学方法是获取真相的唯一可靠途径。布伯（R.Bube）
- 至少，传统的科学方法一直就是马后炮。它只有助于你回顾自己曾经走过的路。波西格（R.Pirsig）
- 尽管很多人曾试图对一个具有决定性意义的事实——科学可以实现许多目标，可它却无法决定自己应该做些什么——进行解释，但是却从未有人获得过成功。克鲁奇（J.W.Krutch）
- 瞧瞧那些奶牛，再想想，世界上最伟大的科学家们还未能找到将青草变成牛奶的办法。普林（M.Pulin）

亲常识派

- 有常识、无教育胜过有教育、无常识一千倍。
英格索尔（R.Ingersoll）
- 从某种不寻常的角度来看，常识就是被世人称作智慧的东西。
柯勒律治（S.T.Coleridge）
- 前一个世纪的哲学就是后一个世纪的常识。毕奇尔（H.W.Beecher）
- 最好的先知就是常识。欧里庇得斯（Euripides）
- 掌握常识便具备了所有的理智。雷伯恩（S.Rayburn）
- 常识是一种本能，掌握足够的常识便能成为天才。
H. W.萧（H.W.Shaw）

- 常识是蜡烛的烛芯。 爱默生（R.W.Emerson）
- 感觉敏锐也好，自视甚高也罢，都不如常识实用。 葛拉西安（B.Gracian）
- 最顶级的能力就是懂常识。做正确的事还远远不够：必须要在正确的时间和地点做正确的事。 马修斯（W.Matthews）

反常识派

- 常识是人们在18岁以后形成的偏见的集合。 爱因斯坦（A.Einstein）
- 逻辑是一回事，常识是另一回事。 贺伯特（E.Hubbard）
- 常识并非教育之后的产物。 雨果（V.Hugo）
- 常识是所有事物中最不寻常的一种。 爱德华兹（T.Edwards）
- 不论常识多么合乎逻辑、多么合理，它也只是人们的一种态度。和所有与人类有关的事情一样，它也可能具有局限性或负面意义。 巴雷特（W.Barrett）
- 常识是世界上分配最为公平的事物之一，因为每个人都觉得自己掌握了大量常识，即便是那些很难对其他方面感到满意的人也没有渴求更多常识的习惯。 笛卡尔（R.Descartes）
- 如果常识像有些人暗示的那样有如演算般准确无误，那么我就无法理解，为何还会有如此之多的人频繁犯下如此之多的错误。 温克尔（C.Winkel）

4.2
区分科学与非科学的准则

> 从弯曲勺子到遥视术，人类曾在不同时期“展示”过各类灵力。调查之后的证据显示，几乎所有此类现象都无法加以复制或是可以从诡计或常规科学的角度加以解释。

马克斯与卡曼（1980）以批判的眼光分析、评估了超感知觉（ESP）、预知、千里眼、心灵感应、心灵致动等相关现象。他们在著作的最后附上了一份名为“基本原理的模式或怀疑的艺术”的附录，并在其中列出了 10 项试图防止外行人被伪灵力现象迷惑的准则。这些准则是：

- 如果……那么……：请理论家就理论所能预测的内容做出具体阐述。
- 可反驳性：询问理论家需要何种证据来反驳他的理论。
- 举证责任：理论家有义务证明或证实他对理论的信念而非反驳你的怀疑。
- 另类思考：其他现象（中介变量）也许可以解释理论家提供的证据及其所引用的现象。
- 缺少负面案例：为了使数据看起来更有力，负面案例（那些可能会“反驳”理论的案例）往往会被略去。需要找到这些案例。
- 个人观察：除非附有详细的观察记录，否则单凭主观验证远远不够。
- 证言：个人经验是糟糕的证据，因为人们往往无法充分意识到作用在他们身上的力量或是他们的真实需求与动机。
- 资料来源：有必要研究理论脉源是否可信——在何处发表、讨论等——因为这些脉源往往不太可靠。
- 情感投入：个人在某一理论上的涉入越多，对其进行的评估就越不合理，越令人怀疑。

- 从个人偏好出发的技巧："第一，信徒可能会认为某些权威机构永远不会出错，然后引用它们的意见作为证据。第二，他可能会试图将持相反意见的人视作坏人，从而立即拒绝接受他们的观点。第三，他可能会与你为敌，指责你动机不纯或是愚蠢至极。所有这些论点都是错误的。不仅要能够识别它们，而且要拒绝使用它们，这一点十分重要。你的目标是学习而不是赢得胜利。"（Marks & Kammann，1980）。

化身灵媒或算命先生的13个秘诀

海曼（1977）在一篇精彩的论文中向读者揭示了成为手相家、笔迹家、福饼解签人等的秘诀。本书在此转载了他提出的所有规则，以免那些喜欢追根究底的门外汉们被骗子欺蒙。

1. 记住，化身一位成功的性格解读者的关键是自信。如果你看起来很自信，并且也表现得十分自信，那么即便你的解读与对方的真实性格相去甚远，多数人依然能够接受你的解释。

实验研究结果表明，事实的确如此。人们认为多数性格解读都很准确，因为这些话适用于多数人。如果这位解读者颇具声誉或是极有自信，那么即便在通常情况下会被认为不准确的解读也能为人所接受。

此类解读者的扮演者往往会面临一种危险，即要说服自己相信，自己所占卜的是对方的真实性格。这种情况也发生在了我身上。我从十几岁时开始替人看手相，通过这种变戏法与读心术来增加自己的收入。起初，我并不相信手相术。但是我很清楚，如果想让别人"相信"，我必须装作对此深信不疑。几年后，我已经成为了手相术的坚定信奉者。已故的斯坦利·亚克什博士是一位专业的读心术大师，我极为敬重他。有一天，他巧妙地暗示我，可以试着故意将手相所反映的内容反过来说。这个实验将十分有趣。我在几位客户的身上进行了尝试。让我感到既惊讶又恐惧的是，这种解读依旧十分成功。自此之后，我便开始对这种强大的力量产生了兴趣，它能让解读者与客户都相信那些其实与事实并不相符的东西。

2. *创造性地利用最新的统计摘要、民意测验与调查。*这些资料可以为你提供大量关于各个社会阶层所信、所做、所想、所忧之事的信息。例如，如果你能够查明某位客户来自哪一区域、其所在城市的规模、父母的宗教信仰与职业，以及他的教育水平和年龄，这些信息就已经能够帮助你预测出他的投票倾向，以及他对许多问题的看法等，准确率往往相当高。

3. *为解读做好铺垫。*要谦虚低调，不要过度夸张能力，这样会把对方吓跑。你不是在与他斗智。不论他相信与否，你都能解读他的性格。

4. *提前获得对方的合作。*向对方强调，成功的解读既有赖于你的能力，也需要他的真诚合作。（你可以暗示他，毕竟你已经是一位成功的性格解读人士，进行尝试的人是他而不是你。）向他说明，由于语言与沟通上的障碍，有时你无法准确地表达自己的感受。此时，希望他能够尽力用自己的语言与经历重新诠释这些信息。

你已经掌握了两项最具价值的遁词技巧。万一解读不准，你也有了托词。这是他自己的问题，不是你的错！而对方则会尽力将你的概述与他的具体生活联系到一起。当他日后回忆起你的解读时，只会想到细节，这样一来，你就能因为自己其实未曾说过的话而赢得赞誉。

在所有建议中，这一条最为关键。只要能够保证对方积极参与了解读的过程，此次解读就能获得成功。但凡优秀的解读者，都会有意无意地促使客户进行积极的回忆，赋予解读以意义。

5. *使用水晶球、塔罗牌或手相学等花招。*例如，手相学能够起到两种作用。首先，它能够使你的解读方式具有新意；但更重要的是，它可以为你拖延时间，思考接下来的言辞。你可以一边装出正在仔细研究另一条掌纹的样子，一边思考接下来该说些什么。除了可以给予或接受情感刺激之外，抓住对方的手也能够帮助你察觉对方对于你所说的话的反应（原理与“肌肉读心术”相同）。

就手相术等花招而言，学习操作指南、大致了解各种诊断标志所的含义将十分有益。使用“二十道问题”的变体就可以巧妙地利用这些花招锁定客户所面临的问题。大致操作方式是：告诉客户你可以进行解读的时间有限。你可以观察反映情感纠葛的感情线；涉及事业与金钱的事业线；与个人问题相关的智慧线，以及健康线等。询问他打算首先关注哪一条线。这样便能迅速确定客户正面临哪类问题的困扰。

6. 准备好一套现成的说辞。即便你采用的是冷读术，在常规解读过程中灵活使用现成说辞也将有助于充实你的解读，并且能为组织更精确的特征描述争取更多时间。你可以用之前准备好的套话来开篇。在初次尝试性格解读之前，先记住一些现成的说辞。你可以在手相学、塔罗牌，以及其他算命指南中找到大量的此类说辞。

7. 处处留心。也可以调动其他感官。我们已经知道如何根据服饰、珠宝、习惯和言语来评估客户。即使只是在此基础上进行粗略分类，也能为成功解读提供足够的信息。观察客户对你的言辞所做的反应。很快你便能知道自己何时“正中靶心”，何时“未得要领”。

8. 借助“钓鱼”的技巧。这不过是一种让对方向你透露更多个人信息的手段。然后，你将他告诉你的一切重新组织成一段连贯的概述再反馈给他。“钓鱼”的一种形式就是使用疑问句，等待对方的回答（或反应）。如果你的判断正确，他就会将疑问句转为陈述句。通常，客户会回答你暗示的问题……事后他会忘记其实是他自己向你提供了这些信息。通过将陈述句转换成疑问句，你也迫使对方在记忆中搜索符合你的笼统概括的具体实例。

9. 学会做一个好的倾听者。在解读的过程中，客户会迫不及待地谈论被提及的事件。优秀的解读者会任由客户自由发挥。有一次，我观察了一位解读者的操作过程。事实上，75% 的时间都是客户在侃侃而谈。但是之后当我向她询问解读过程的时候，她坚持认为自己在整个过程中没怎么说话。解读者只不过是巧妙地转述了客户自己所透露的信息，可是却受到了她的赞誉。

倾听的另一种价值在于，多数求助于解读者的客户实际上只是需要有人听他们倾诉困扰而已。此外，许多客户已经在心中做出了选择，他们只不过是希望自己的决定能够获得支持罢了。

10. 生动地展现解读。将获得的些许信息仍还给客户，或是一次只收集一点信息。夸大这些信息的重要性。围绕客户每次透露的信息来组织精彩生动的口头描述。不用担心你的表演会过火。

11. *时刻装出一副天机不可泄露的样子。*成功的解读者就像家庭医生，会摆出学富五车的架式。一旦让客户相信，你掌握着一条通常无法从正常渠道获得的关于他的信息，他便会自然地认为你无所不知。此时，他往往会敞开心扉，向你吐露心声。

12. *一有机会便赞扬客户。*虽然客户通常都会谦虚一番，但是他们依旧会珍惜你的赞扬。在这种情况下，你可以进一步恭维他："你总是怀疑别人对你的赞扬不真诚，好像他们在夸奖你时一定另有所图似的。"

13. 最后，请记住一条黄金法则：客户想听什么就说什么。

4.3 迷信与科学

> 认为强化视反应而定或者强化由反应所引发都是没有意义的。也许因为一些机械的连接或是其他有机体的介入，反应引发了强化；但是之所以会出现这种状况，很可能仅仅是因为反应与强化之间存在时态关系，具体表现为两者的顺序与邻近性。（Skinner，1948）

不难理解，为何有时我们无法如自己所想的那般拥有理性或是经验。人类喜欢创建模式并赋予它们意义，甚至连动物亦是如此。进化并未彻底消除人类的迷信观念，它们在某种程度上、在某些人身上还在发挥着作用。

一则著名的故事可以说明心理学家对迷信行为的看法。为了探究行为理论所产生的影响，一位动物心理学家饲养了整整一实验室的鸽子。研究发现，鸽子不仅对形状和颜色存有偏好，而且还习惯了答对问题即可获得食物的旧模式。

某个周末，研究员回家时忘了关闭某一排鸽子的定时喂食器。半小时后，机器派发了一批美味的饲料。鸽子们自然准确地观察到了这一点，并且认为这是对于它们刚刚所做的事情的回报。因此，它们每隔30分钟便会重复一次之前的行为并获得食物。

由此，这位喜爱鸽子的研究员惊奇地发现，这群鸽子时常会完成一套固定的动作。其中一些会啄食笼子，一些会扇起双翅，一些会在笼子底部旋转，而剩下的一些则会“咕咕”叫个不停。机器无条件地派发食物，但是鸽子却在其中“发现了关联与因果关系”，并相信自己的行为带来了公正的结果。

这些鸽子愚蠢吗？那么，相信“幸运”球袜与球鞋的足球运动员呢？相信护身符、幸运笔和吉祥物的学生呢？球袜能够影响比赛结果吗？当然不能。也许，生活越是不可预测和难以掌控，我们就越是相信幻想中的力量而非运气、机会与福气。

在事件之间建立起关联与因果关系，可以使我们产生安全感。相信凡事必有起因，并且事情的发展总会遵循有序而非随机的过程，可以使我们相信自己仍然可以掌控生活。这就是所谓的控制点。

学生将对于知识、信仰与迷信的巨大兴趣带进了心理学的课堂。尼克松（Nixon）试图在1925年证明，他通过教学改变了来到他的心理学课堂的学生，他们最初都对人类行为怀有各种错误观念。许多人也试图做同样的事情；但多数都失败了。尼克松向350多名学生发放了一份由30道是非题组成的测试卷，其中包括“许多有名望的人都像孩子一样愚笨”“方颌是具有毅力的标志”“实际上，表亲结婚一定会生出智力低下的孩子”这类陈述。半数以上的受试者认为，“培训可以增长智力”“学习数学十分实用，因为它可以培养逻辑思维”“人类是优越的物种，因为人类行为在很大程度上接受理性的指导”“有时，成人会因为过度学习而变得愚蠢”，以及“你可以仅凭观察一个人的脸，就能比较准确地估量出他的智商”的陈述是正确的。

25年后，莱维特（1952）也进行了这项有关迷信观念的研究。他对100名男性进行问卷调查，并将结果与尼克松的进行了对比。总体而言，迷信观念的数量出现了大幅下降。莱维特认为，与颅相学及面相学（通过观察颅骨的形状或面部特征来断定性格）相关的迷信观念已经完全消失。同时，尽管另一些迷信观念——如与魔法相关的观念——的数量已经呈现出下降的趋势，但也许伴随着古老陈述的消失，现代版本的表达正在出现。他由此得出结论，迷信（或是认知扭曲）对个人而言一定十分重要（否则它们便不可能出现）；它们模棱两可（因为缺少或隐瞒了真正的事实），而且与特定的人格因素（不安全、焦虑、具有神经质倾向）有关。

30 多年后，塔珀与威廉姆斯（1986）在澳大利亚进行了这项调查，并且发现迷信水平回升到了 21%，而尼克松（1925）与莱维特（1952）的调查结果分别为 30.4% 与 6.5%。因此，迷信水平并未随着时间的推移而稳步下降，调查结果显示在 1925—1983 年间基本保持一致。根据这些结果可以判定迷信水平确实出现了适度的下降，虽不如尼克松预测的那么高，却比莱维特的研究数据高了许多。

4.4 常识

许多人认为，他们了解的一系列社会科学——心理学、管理学、社会学、犯罪学——的理论均属于“常识”。也就是说，这些理论或发现早已司空见惯，因而此类研究是微不足道、开支巨大却又毫无意义的任务，是向我们描述或是告知我们早已知晓的事情。社会科学家对于这些通常被视作不合时宜的批评十分敏感，他们往往会在自己所著的教科书的开篇便正视这一点，提醒读者留心常识的危险，诱使人们误以为他们十分了解其他人。一些人甚至在论文及题目中挑衅般地使用了“反常识”一词。

为何不亲自尝试一番呢？以下是从各类资料中摘选出来的 37 项陈述，请判断它们的正误。看看常识可以帮助你答对多少题目。这些例子均选自弗海姆与奥克利（1995）的著作。

测试：常识

请判断下列陈述是正确还是错误。

1. 一般而言，女性比男性更加顺从。

2. 在讨价还价时，最好首先给出一个适中——接近期望值——的报价。

3. 在做决策时，委员会往往比个人更加保守。

4. 气温极高时，极有可能发生危险的骚乱。

5. 在紧急事件现场的人越多，受害者获得帮助的可能性就越大。

6. 如果你付钱请别人做他们喜欢的事情，他们就会更加喜欢这项任务。

7. 选择情侣时，大多数人都会偏爱极具魅力的人。

8. 如果想让某人改变观点，最好给予他丰厚的回报。

9. 如果一个陌生人站在距离我们很近的地方，我们通常会认为这是友好的表示，并且会给予积极的回应。

10. 大多数人会同情严重事故或自然灾害的受害者，并不认为这些人应对他们所遭受的伤害负责。

11. 令人不快的环境条件（如拥挤、喧闹、高温）会立即降低许多任务的绩效。

12. 指令型、权威型的领导者通常最擅长从下属那里获得高效的生产力。

13. 大多数情况下，个人的行事方式与其对待各类问题的态度相符。

14. 高管通常极具竞争力且进取心十足。

15. 大多数人更关心自己而非他人的薪金水平。

16. 面对面的直接交流往往能够增强个体之间的合作。

17. 大多数人喜欢具有极大自由及自主权的富有挑战性的工作。

18. 大多数低等动物——昆虫、爬行动物、两栖动物、多数啮齿动物和鸟类——的行为都发自本能，即不受学习的影响。

19. 不论出生一周的婴儿眼睛望向何处，他都只能见到一片灰蓝色。

20. 如果周围的大人习惯用正确的发音重复儿童想要表达的内容，儿童就能更快学会说话。

21. 让习惯吵闹的学生安静下来且集中注意力的最好办法就是惩罚。

22. 学得慢的人比学得快的人能够记住更多东西。

23. 智商高的人——“天才”——往往身体羸弱、被社会孤立。

24. 一般而言，你无法根据一个人在中学与大学时期的学习成绩来判断他能否在事业上获得成功。

25. 少量酒精可以成为兴奋剂。

26. 麦角酸二乙基酰胺会导致染色体损伤。

27. 精神病学是心理学的一个分支。

28. 大多数智力障碍患者也患有精神疾病。

29. 电击疗法已经过时，现在的精神病院已经很少使用这项技术。

30. 精神障碍越严重，就越需要强化治疗。例如，通常而言，精神分析在精神分裂症患者的身上最为有效。

31. 不论在哪种文化中，相当多的心理特征都是天生的。例如，女性比男性更加情绪化；在性的问题上，男性比女性更加主动。

32. 受人尊敬的心理学家都不相信诸如超感知觉、催眠或是瑜伽所谓的奇异的身心成就等非理性现象。

33. 要想改变人们对少数民族成员实施的行为，首先必须转变他们的态度。

34. 婴儿之所以爱母亲，是因为她能够满足他们对食物等的生理性需求。

35. 积极性越高，就能越好地解决复杂问题。

36. 能够确保在训练结束之后，预期行为可以继续保持的最佳方法，就是在训练过程中，每当该行为发生时都给予奖励（而非周期性地）。

37. 精神分裂症患者具有分裂的人格。

请数一数被你判定为错误的陈述的数量，因为心理学实验或观察发现，上述陈述由于不同原因，全部为错误。如果判断为错误的陈述的数量不少于30个，那么恭喜你表现不错！如果少于10个，读完本书将使你受益匪浅。

发展心理学家同样渴望能够破除误区，还原事实。请思考下列陈述（参见 Hetherington & Parke，1993）。

有关儿童发展的事实与发现有时令人着迷，有时又令人困惑甚至惊讶。以下代表了一些有关儿童发展的最新事实与发现，我们将在后续章节对此进行深入探讨。

事实 1：较之祖父母，青少年进入青春期的年龄提前了两年。

事实 2：新生儿可以通过嗅觉辨识出自己的母亲。

事实 3：儿童比父母更容易掌握一门新语言。

事实 4：水床有助于早产儿的发育。

事实 5：离婚更不利于男孩的发育。

事实 6：即便仅仅吸食或注射了一次可卡因，也会对胎儿的发育产生不利影响。

事实 7：婴儿可以在子宫内进行学习。

事实 8：即便是 2 岁的孩子也会嫉妒。

事实 9：8 岁时的攻击性可以预测 30 岁时的犯罪行为。

事实 10：新生儿具备行走的能力。

人们认为，心理学无异于其他社会科学。出于各种原因，它们都仅仅只是常识而已（见图 4.1）。

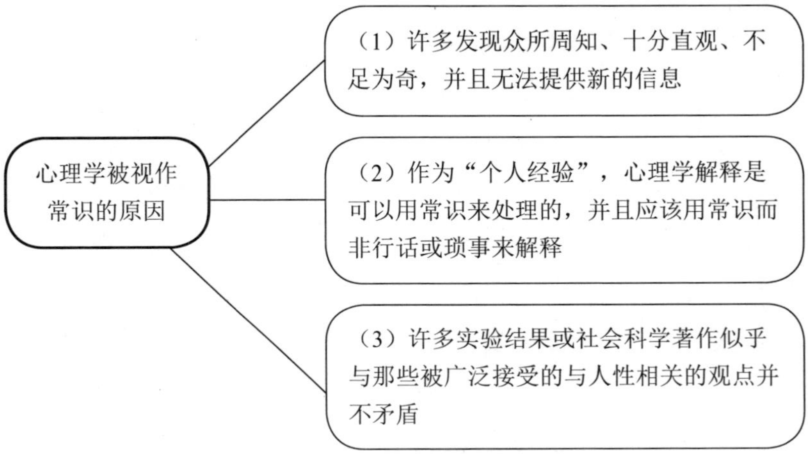

图4.1　人们认为所有心理学都是常识的三项原因

一些心理学研究表明，人类是残酷、毫无见解、以自我为中心、顺从或是孤僻的，而另一些研究则得出了截然相反的结论。相比较而言，前者受到了更多的批评。因此，除非研究所展示的人类形象与我们的预期截然不同，否则多数人都会认为研究结果仅仅是常识而已。

一些人认为，所有的科学都是常识。自相矛盾的是，“硬”科学家——自然科学家——恰恰最为坚定地认为所有科学都是常识。著名的英国科学家赫胥黎（1902）曾在一篇文章中指出：

> 科学只不过是通过训练获得的颇具条理的常识而已，它与常识之间的区别一如老兵与新兵：两者在方法上的差别就如同是卫兵训练有素的砍杀戳刺与野蛮人拿着棍棒胡乱挥舞。

另一位知名的科学家怀特海德曾留下一句名言：科学植根于整套常识思想。其他科学家则拒绝将常识作为自己思想的源泉，更别提作为可以验证的理论了；一些心理学家尤其对于常识的重要性不屑一顾。斯金纳（1972）写道："我们究竟必须通过什么来展现非科学或科学出现之前人们的良好判断力、常识或是通过个人经验所获得的见解？唯有科学。"艾森克（1972）在其名作《心理学中的理性与非理性》（*Sense and Non-Sense in Psychology*）中指出：

> 这仅仅是一个例子，它告诉了我们一个几乎已经获得普遍认可的信念：无论是否专门研习过心理学，任何人都有能力探讨心理问题；尽管所有人的意见都具有相同的价值，但是我们必须不惜一切代价将专业心理学家的意见排除在外，因为他可能提出的一些事实将彻底颠覆人们的预测，推倒外行人煞费苦心建造的美妙的梦幻城堡，因而大煞风景。

因此，对于这些杰出的心理学家而言，常识是一片危险区域，在那里得出的此类见解往往具有误导性或是不可证伪性。更糟糕的是，常识的基础也许并不只是简单的猜度，而是偏见与政治意识形态。此外，能够证明业外人士的推理存在漏洞的文献不胜枚举；例如，很容易观察到他们无法在解决问题时合理使用非确证性信息，却会在完成逻辑推理任务时极度偏爱确证性策略。例如，你可以通过询问某人是否拥有众多朋友、是否喜欢外出、是否真正热衷于参加聚会（确证），或是询问他是否在公司中表现得相当害羞（非确证）这两种方式来判断他是否具有外向型性格。外行人喜欢采用第一种方法，而无视手边任何的非确证性信息。

还有许多已被广泛接受的研究结果展示了日常生活中人类的非理性行为。例如，人们会高估那些被广为宣传的事件（被谋杀或癌症夺走性命的人数）的发生频率，而低估诸如由哮喘或糖尿病等引发的死亡等宣传度较低的事件的发生率。同样，当我们在评估两个人的相对工作绩效时，较之于成功到失败的相对数量，成功的绝对数量往往会被赋予更大的权重——人们往往会忽略分母的大小。此类推理中存在谬误的例子还有很多。

因此，相关争论起起落落。心理学算是一门科学吗？科学是好东西吗？科学是常识吗？

4.5 警惕福饼

心理学与占星术或笔迹学一样（非）科学吗？事实上，许多人似乎既相信占星术，又相信心理学：他们是这个行业中一些最古老把戏的受害者。

为何会有如此之多拥有不同背景的人相信、咨询且按照占星术与笔迹学得出的预测来采取行动呢？塔罗牌、水晶球等其他把戏亦是如此。一些英国企业接受笔迹学家的服务，而法国人则常常咨询占星家。总体上来说，不带任何偏见的研究者进行了孜孜不倦的研究，却并未发现任何重要可复制的、基于理论的或是可以解释的结果。也许较之于占星术，这一点更适用于笔迹学。两者都是可证伪的，也都被证伪过，但是有些人却仍然对其深信不疑。总之，笔迹学和占星术都是骗人的鬼话。然而，还是有许多人受骗上当。为什么呢？

两种答案可以解释这个问题。一种涉及替代方法的可靠性和有效性，是更为科学地评估、描述或测量人的方法，比如能力测试。高失业率意味着申请工作的人数空前高涨，面对大波的求职者，不知所措的人事部员工开始求助于他们所信任、理解或是能够找到的任何评估手段。一些人相信，可以通过学校成绩或闲暇爱好（申请表中谎话泛滥的重灾区）来预测个人在职场中的表现。尽管有证据表明，这些对于预测一个人能否获得职业成功作用甚微，然而，出于对心理学的不信任、众多相当忽悠人的咨询公司的出现，以及过度使用缺乏心理测量的测试，再考虑到成本与一些此类测试的糟糕表现，心烦意乱、超负荷工作的人事部员工只能通过其他渠道寻找简单的答案。

一些人转而寻求笔迹学的帮助。然而，毫不夸张地说，数十项科学研究一次又一次地对笔迹学在准确描述人格或是预测行为等方面的有效性提出了挑战（Beyerstein & Beyerstein，1992）。

弗海姆（1988）对这些探讨笔迹分析有效性的研究做了回顾，并给出了下列结论：

- 根据莱特州立大学的维斯特韦格、桑蒂与莫斯（1976）所进行的一项研究，可以得出结论："分析师无法根据笔迹准确地预测个性。"维斯特韦格等在实验中请6位笔迹鉴定专家对分属15种人格的48份笔迹样本进行了评估。
- 根据莱斯特、麦克劳克林和诺萨尔（1977）的研究，"没有发现任何可以证明笔迹符号存在有效性的证据"。莱斯特等人试图使用代表外向型的16种笔迹符号，根据109名受试者提供的笔迹样本来预测他们的个性中是否具备外向型的成分。这些受试者事前已经获得了人格测试得分。
- 罗森塔尔与莱恩斯（1978）的研究表明："结果并不支持这三种笔迹测量法是外向型的有效指标这种说法"。罗森塔尔等试图找到三种笔迹指数与58名学生的外向型得分之间的关联。
- 根据艾森克与古德约翰森（1986）的研究，"几乎没有证据支持笔迹分析的有效性"。艾森克等人聘请了一位专业的笔迹学家来分析99位受试者的笔迹，并在随后填写了本该由受访者完成的人格问卷。
- 根据希伯来大学的本-萨克达及其同事（1986）的研究，"笔迹学家的表现不见得比一种机会模式更好"。本-萨克达等人请笔迹学家在8种职业中判断出40位成功专业人士的职业。
- 俄亥俄州立大学的克利莫斯基与拉斐尔（1983）在细致回顾了所有相关文献之后，得出结论："尽管有关笔迹学的文献极缺方法论，但是调查结果的总体趋势显示，笔迹学并不是一个可行的评价方法。"

本－萨克达、巴尔－希勒尔、贝伦、本－阿巴、福林（1986）对该领域开展了卓越的实证研究，并在深思熟虑之后得出了如下结论：

- 即便我们真的发现，潦草的字迹是马大哈的特征，有个性的字体意味着书写者具有艺术天赋，而大胆且充满活力的人写下的字往往醒目饱满，也不会觉得意外；但是我们也没有理由认为笔迹可以透露出诚实、洞察力、领导力、责任心、热情和滥交等特质。一些人格特征也许根本就没有合适的词语进行表达。事实上，就算我们真的通过观察发现了笔迹特征与人格特征之间的关联性，那么如何对此进行解释也将成为一项巨大的理论方面的挑战。

- 笔迹分析中的限定因素数量不足，而笔迹则千变万化，这将成为笔迹分析失败的缘由。除非笔迹学家坚定地表明笔迹与人格之间所存在的对应关系的性质，否则人们便能找到特别的确证来反驳他的所有判断。
- 上述支持笔迹学的先天直觉所作用的文本范围要比笔迹学家认为可以接受的范围大。在笔迹学家练习手艺的过程中，似乎从笔迹的角度来看，笔迹并不是表现行为的一种强大、稳定的形式；实际上，它极易受到与人格毫无关联的因素（例如，书写者是否在誊抄或是书写纸张上是否印有横线）的影响。
- 值得注意的是，尽管外行人在根据笔迹来判断书写者性别时，正确率也能达到70%，但是多数笔迹学家均拒绝完成此项任务，因为他们始终坚持，笔迹只能反映书写者的心理性别而非生物学上的性别。常识告诉我们，现实中存在男性化的女性与女性化的男性，可是因此便反驳多数女性必定具有女性气质，而多数男性则具备阳刚之气的观点就显得有悖常理。有没有可能是笔迹学只是不愿对这种极易验证——或是证伪——的变量进行推测呢？

然而，对于人们相信笔迹学和占星术的原因所做的另一种解释虽然更为合理，却自相矛盾：笔迹学与占星术的解读确实很准，但是（这个转折十分重要）它们的解读之所以准确，是因为这些解读全都包含带有高基准有效性（适用于多数人）的模糊、积极的概括，然而，它们本该是为特定的人所得出的结论。

近 40 年来，心理学家们一直在研究巴纳姆效应。著名的马戏团老板菲尼亚斯 •T. 巴纳姆（Phineas T. Barnum）曾说过，“每分钟都有傻瓜诞生”，并且将“准备一些适用于所有人的内容”作为了成功的公式。巴纳姆效应指的是一种现象，即不论关于自己的人格反馈究竟是普遍有效还是无关紧要，人们都会照单全收，因为这种反馈理应是根据人格评估程序所得出的结论。换句话说，某些人之所以相信占星术和笔迹学，是因为他们成为了个人认同谬论的牺牲品，这意味着他们认为泛泛而言、几乎适用于所有人的虚假的陈词滥调放在他们身上尤为合适。

为了说明这一点，让我们来思考一项心理学研究。一位名为斯塔格纳（1958）的美国心理学家对一群人事管理者进行了一项已被公认的人格测试。但是他并未对测试进行评分，也没有告诉被试真实的测试结果，相反，他给予每个人 13 条根据占星术、笔迹分析等得到的虚假反馈。然后，他请每位管理者仔细阅读这些（据说是根据“科学”测试所获得的）反馈，并且按照以下几条逐项对这些反馈的准确程度进行评估：（a）惊人的准确；（b）相当不错；（c）约半数的描述正确；（d）错误描述居多；（e）几乎完全错误的评分体系。结果，半数以上的人认为自己获得的反馈为惊人的准确，40% 的人给出了相当不错的评价。几乎没有人觉得这些反馈大错特错。

下面是经典的巴纳姆陈述：

1. 你极其需要获得他人的喜爱与钦佩。

2. 你总爱批评自己。

3. 你尚有大量潜力可以挖掘，并且可以将其转化为你自身的优势。尽管你存在一些人格缺陷，但是通常你都能对此进行弥补。

4. 尽管你表现得有条不紊、克己自制，但是你的内心往往忧心忡忡、缺乏安全感。

5. 有时你会严重怀疑自己是否做出了正确的决定或是做了正确的事情。

6. 你喜欢一定的变化与适度的多样性，如果受到制约与局限的束缚就会感到不满。

7. 你为自己是一位独立的思想家而感到自豪，如果没有令人满意的证据，你不会接受别人的看法。

8. 你发现过于坦诚地向他人敞开心扉并非明智之举。

9. 有时你活泼外向、和蔼可亲、善于交际，而有时你又性格内向、谨慎小心、矜持保守。

10. 你的某些愿望往往相当不切实际。

11. 安全无忧是你生活的主要目标之一。

人们肯定对于积极正面的评价情有独钟，这一点再自然不过了。许多研究人员也得出了这个结论。一位法国心理学家在各类报刊上刊登广告，号称自己是一位占星家，数百人因此请他提供占星服务。他将同一张模糊不清的油印占星结果寄给了所有客户。事实上，两百余位轻信的客户回信赞扬他判断准确、观察力敏锐。一位澳大利亚教授经常请自己所教的大一学生诚实、详尽地记录他们的梦境，或是描述他们透过墨迹所观察到的内容——任务越神秘越好。一周后，他像之前的实验那样，将这些陈述发给学生，请他们对其进行评价。只有在他们公开宣布自己相信测试结果之后，这位教授才会鼓励学生交换他们收到的反馈。如此轻易上当受骗所带来的耻辱是一种强大的学习体验。

弗海姆（1994）用“医疗版的巴纳姆”戏弄了自己的学生。他告诉学生：

关于毛发异常诊断。有多种方式可以判断一个人的健康状况。例如，测量血压和心跳、检验尿液标本等，现代医学试图对身体机能进行检测。然而，另一些方法也已沿用了几千年。例如，可以通过检查瞳孔的状态来诊断某些疾病。

通过对头发进行细致的理化分析，究竟能够在多大程度上获得与身体健康状态有关的极为有趣的线索？人类对于这个问题的兴趣由来已久。例如，在细致分析了拿破仑的头发之后，人们证明了他的死因是中毒。最近，可以通过检验头发来进行 DNA 分析。

此项研究的目的是检验能否将毛发分析或毛发异常诊断用于诊疗其他指标正常的个体的健康状况。希望你能提供 2～5 根头发（最好是后脑勺的头发）并把它们放入写有你名字的信封内。分析需要耗费一些时日，因此下周我们才能将反馈装入原先的信封交还给你。

所有学生都同意参与此项研究，不过他们并未对此感到忧虑。三位学生想要知道，研究能否检测出头发的主人是否吸毒；一人想知道能否检测出癌症。弗海姆让学生放心，毛发分析无法检测出这些内容，不过这种形式的分析结果可以作为体现总体健康状况的良好指标。

在接下来的一周中，60 名学生中的 52 人来到指定实验室，观看了一家据说可以完成此项分析的机构的宣传广告。他们收到了装有自己头发样本的信封。除了头发之外，里面还有两张以不同字体打印的纸张。其中一张上面印有要求他们进行评分的“医疗版的巴纳姆”项目的一段话。另一张纸上依次列出了各项陈述（所有的 24 条），并且要求参与者对其准确性进行评分（7 分为非常准确；1 分为完全不准确）。为了鼓励他们相信这种反馈，分析结果以不同字体，按照不同的顺序出现。因此，即便某位参与者碰巧瞄了一眼邻座收到的反馈，它们看起来也不会一模一样。参与者被告知不许互相商议，并要注意社会期许且如实回答问题。

反馈表中 1/3 的内容获得了 60% 甚至更高的得分。得分最高的一些与常态（18，20）有关，这些本就是该样本预料之中的结论。另一些被评为准确描述的内容指的是行为中的差异性（6 失眠；10 疲倦；15 胃口；17 焦虑；22 饮食冲动）。得分最低的项目（多数人认为不准确）指的是相当具体的行为（13 流鼻血；21 尿液的颜色）。有趣的是，几乎高达 2/3 的人对于摄入更多新鲜水果和蔬菜有益身体健康的属于健康产业的主题深信不疑。

然而，对于巴纳姆效应的研究表明，人们对于虚假反馈的信任会受到一些重要因素的影响。一些与客户和顾问（他们的人格特征、是否幼稚等）有关，一些则与测试的性质及反馈情景本身有关。女性未必比男性更容易受到影响，当然，一般而言，幼稚或是轻信的人对于这种影响更为敏感。不过，顾问的地位或声望稍显重要一些。

不管怎样，一些变量至关重要。其中最重要的一项是所需信息的可感知特性。问题越详细越好——因此你必须将具体的时间、日期与出生地告诉占星家。一位美国研究员在一项研究中将完全相同的星座物语告知了所有被试。结果他发现，比起那些被告知这是针对某年某月出生的人的解读的被试，那些被告知这是针对某年某月某日出生的人的解读的被试会认为解读更加准确。各项研究一次又一次地表明，在人们得到他们以为只属于自己的概括性叙述之后，其对于整个过程及诊断学家的信任度就会增加。客户的满意度无法衡量诊断学家将他们与他人区分开来的程度，但是它完全取决于人们相信这些诊断只是针对自己的程度。

第二个因素证实了我们都极其渴望获得赞扬，却对批评抱有怀疑的态度。

也就是说，反馈必须令人满意。它无须完全洋溢着赞扬之语，但是如果它以积极评价为主，间或夹杂着些许轻微的负面评价（这本身也可以是一种恭维），人们就会信以为真。

人们不会轻易接受负面评价，哪怕这种评价似乎是为他们量身定制的。这证实了人格测试中的另一项原则——乐观原则，即较之负面言语和反馈，人类普遍倾向于更加频繁和多样化的反馈，也更会轻易地使用或接受正面的言语或反馈。根据两位鉴定人的估算，在接受度高的解读中，正面评价是负面评价的 5 倍，而在不被接受的解读中，两者间的比例仅为 2∶1。

占星术和笔迹学因此得到了广泛流传。反馈是基于特定信息的（在占星术中是出生的日期与地点；在笔迹学中是倾斜的角度与字体的大小、拼写的正确性、字母 i 上的点、字母 t 的交叉、圆圈的使用等）。它几乎总是正面、积极的。拜访占星家、笔迹学家和算命师的人往往内心焦虑不安（担心、沮丧、缺乏安全感）。他们对于有关自己及未来的积极、客观的信息尤其敏感。特定类型的反馈与客户的倾向使得人们极有可能接受这些“大师”的解读。然后，如果概括性描述似乎为真（极有可能如此），人们往往会得出结论：当他们提供更多信息时，描述就会更加真实。此外，在两种因素的作用下，这个过程会随着时间的流逝而得到强化。自弗洛伊德以来，我们已经知晓人类会选择性地记住更多有关自己的积极事件，因此更有可能记住与他们的自我评价相符的正面反馈，而非与之不太相关甚至相左的信息。另外，当然，人们必须支付咨询费。

占星术与笔迹学的解读还存在其他吸引人之处。它们不仅可以提供关于个人的实用、有趣的信息，而且占星师等人声称他们还能预测未来，以便减少人们对于将会发生产生事件产生焦虑与不确定感。此外，与其他需要通过心理学方面的工作和 / 或行为改变来获取好处的治疗形式不同，笔迹学家只需要你提供一份书写样本，而占星师只需要知道你确切的出生日期与出生地。因此，在占星师与笔迹学家那里，你的得大于失。毫无悬念，此后，在占星术解读或笔迹分析的买方和卖方之间，一种关于科学有效性的舒适的合作幻觉便出现了。

人们之所以认可笔迹学和占星术，还存在另外一个原因：自我应验的预言。这很可能出现，假如一个人被告知“处女座的你尤为诚实”，这可能会引起他的注意，随后他会选择性地回忆起全部或任何哪怕是极为琐碎的确认性行为（如指出某人的公交车票掉了；退还多找的零钱等）。这种自我应验的预言可以在概念与行为的双重基础上起作用。因此，处女座的人会将诚实这种特质纳入他们的自我认识之中，并且有可能真正成为诚实的人。这样，笔迹学和占星术的预测就有可能成真，因为认可这种预测会在某种程度上导致我们的行为做出相应的变化！

当心福饼、笔迹学家和占星师！这个故事的寓意当然是，人们可以凭借自己在心理学上的真知灼见给众人留下深刻印象：只要见解言辞模糊、与多数人都相关、总体上积极正面，并且是针对对方制定的。几百年来，算命先生一直在利用这个事实。水晶球已被塔罗牌或简单的笔墨所取代，但是这条原则始终未变。亲爱的读者，错误信念的错误并不在于我们的星运，而在于我们自己。

4.6 阴谋论与掩饰手段

有关阴谋论的研究是一个吸引了大量关注且相对较新的研究领域。有关阴谋论的一种定义可谓一种错误的信念，即认为重大事件的发生是由在私下里协同工作的多种因素所造成的，这些因素都来源于一个邪恶、残忍且无所不在的团体。

在兜售与冷战及麦卡锡主义等相关的阴谋理论的过程中，电影必须要承担巨大的责任。电影挑起阴谋论，是使美国成为阴谋论大本营的一部分原因。

尽管阴谋论中的信念似乎在西方尤为突出，但也在其他一些地区存在。

例如，美国的民意调查经常显示，高达 90% 的美国人认为，刺杀约翰 • 肯尼迪的行径不是李 • 哈维 • 奥斯瓦尔德一手策划的。

下面还有一些关于阴谋论的叙述。请自行判断它们的正误。

1. SARS（严重急性呼吸系统综合征）是在实验室中研制出来的一种生物武器。

2. 美国政府早已知晓日军将对珍珠港发起进攻，但是为了能够加入第二次世界大战，它放任日军偷袭。

3. 美国政府机构刻意制造了艾滋病的传播疫情，并在 20 世纪 70 年代将其用在了黑人与男同性恋者身上。

4. 中央情报局与联邦调查局等美国政府机构有组织地策划了针对马丁 • 路德 • 金的暗杀行动。

5. 阿波罗登月是场骗局，是在好莱坞电影工作室中拍摄完成的。

6. 内华达州的 51 区是一处秘密军事基地，藏有外星飞船和 / 或外星人尸体。

7. 约翰 •F. 肯尼迪的遇刺并非是由枪手李 • 哈维 • 奥斯瓦尔德一手策划的，而是一场相当周密且有组织的刺杀总统的阴谋。

8. 1947 年 7 月，美军在新墨西哥州的罗斯威尔找到了外星飞船的残骸并掩盖了事实。

9. 戴安娜王妃并非死于意外，她的离世是由不喜欢她的英国王室成员策划的有组织的暗杀。

10. 俄克拉荷马城炸弹手蒂莫西 • 麦克维与特里 • 尼科尔斯并非单枪匹马行动，他们获得了亲纳粹群体的援助。

11. 可口可乐公司故意使用劣质配方，其目的就是为了抬高消费者对其经典产品的需求，随后重新推出该款产品以谋取经济利益。

12. 特殊利益集团正在压制，或者说已经在过去压制了能以更低成本或是减少污染的方式来提供能源的技术。

13. 英国的政府机构参与了将非法毒品分销给少数民族的行动。

也有一些理论讨论的是广告的工作原理（例如，有许多非常成功的潜意识广告），以及政府与大型制药公司的携手合作（Furnham，2013）。下面是一些例子。

陈述

1. 广告商巧妙地在广告中嵌入了与“性”有关的元素，以此吸引观众的眼球。

2. 广告商在电视广告中显示阈下（潜意识）图像。

3. 超市在店铺使用不易察觉的气体（气味）来改变人的情绪，以促进消费。

4. 广告商通过在节目中的特定时段播放广告来吸引特定的对象。

5. 商家常用价格欺骗消费者，即先将价格抬高一段时间，然后再降价，并且声称提供了很大的折扣。

6. 垃圾邮件的发件人使用“卑劣手段”让人们点开阅读。

7. 广告商将自己的广告资料装在了貌似装有官方文件的正式信封中。

8. 酒业公司与烟草公司通过赞助各种活动来吸引特定群体。

9. 医药企业篡改了有关药物有效性的数据。

10. 医药企业通过赠予医生们礼物、邀请他们参加研讨会的形式来贿赂医生，使他们在开处方时使用自己企业的药品。

11. 事实上，烟草公司赞成走私香烟。

12. 烟草公司试图规避所有国家的广告法。

13. 医药企业在试验中折磨了数以百万计的动物。

14. 企业会销售一些其明知会产生依赖性的医用处方药物。

15. 石油公司刻意打压能降低耗油量的汽车技术。

16. 制造商使用假冒的相似产品包装来欺骗消费者，使他们购买更多本公司的产品。

17. 灯泡企业阻碍技术进步，阻挠生产使用寿命更长的灯泡。

18. 政府在指导方针中设定了不健康的饮食指南，从而使得医药行业可以从不健康的患者身上赚取药物与治疗收入。

19. 石油公司故意忽略了石油储备信息，从而制造出石油稀缺的错觉，以此维持高价。

20. 制造商在食品（如某些品牌的薯片）中使用了非法添加剂，从而使人们容易对产品上瘾。

21. 为了实现收益最大化，美国医务委员会拒绝使用有效的替代药品。

22. 医药企业将正常的行为定义为障碍，这样它们就能研制药物来治愈它。

23. 食品公司在转基因食品的问题上表现不诚实。

24. 银行会通过操纵通胀等数据来赚取更多利润。

25. 律师会故意代表客户撒谎。

26. 为了赚取更多的利润，商店会在食品保质期上造假。

心理学家对于哪些人相信阴谋论——无论它是众所周知还是鲜为人知——何时相信、为何相信等问题十分感兴趣。有关肯尼迪总统和戴安娜王妃被谋杀、我们是否登上过月球、谁该为“9•11 恐怖袭击”负责等阴谋论事件，似乎彰显出重大事件的背后必然存在着重大的原因，并且很多人向官方的说法提出了挑战。

阴谋论者认为，事实上，许多团体负责审查我们能够接收到的信息（见图 4.2）。

脚本大致如下：

“计划的背后存在着一个地缘政治机构——我们生活在一个充满危机的时代——因此，你究竟应该信任哪个部门呢？”

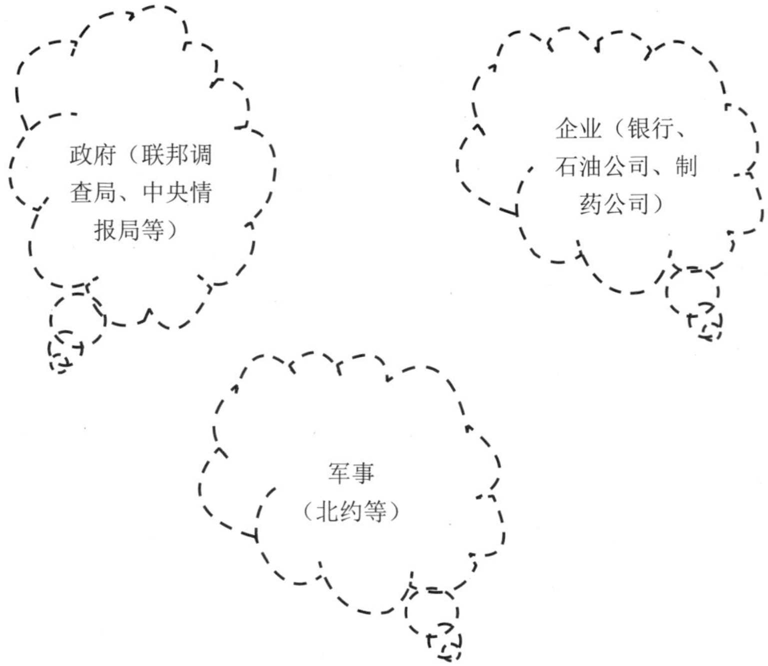

图4.2 阴谋论的目标

心理学研究者一直试图提出这样的问题："相信阴谋论的人就是失去理性、天真幼稚、精神失常、偏执或是明智的怀疑论者吗？"多数心理学家都对此类理论持怀疑的态度，尽管他们确实认识到，一些政府与其他机构确实会有掩盖事实的行为。在英国，有一条50年的规矩，即只有在事件发生50年后，一些（但不是全部）政府文件才能被公开。许多文件表明，事实上，大量信息被掩盖或被歪曲了。

阴谋论具备心理学上的功能。对于许多人来说，它们可以帮助人们理解令人困惑且不确定的世界；它们可以澄清黑暗势力与光明力量各自的归属，让人萌生出自己已经窥见天机的感觉；它们还可以帮助人们确定自己所属的群体。

我们是否处于隐藏真相的病态的危险之中？毕竟，有些确实会发生，每个家庭都有不为人知的秘密。

其他早期的研究表明，阴谋论的信念起到了在维护自尊的同时，给予信徒重申个人主义或是表达负面情绪出口的目的。一些人则提出，阴谋论在当代西方文化中极其普及，起到了减少对于政府的信任的作用，这是一种可以被互联网等媒体激化的过程（Moy & Scheufele，2000）。

一个例子是斯瓦米和弗海姆（2012）对于失踪的阿梅利亚·埃尔哈特（Amelia Earhart）的研究。阿梅利亚·埃尔哈特生于 1897 年，是美国航空业知名的先驱，也是第一位单独驾驶飞机跨越大西洋的女飞行员，并因此成为首位获得卓越飞行十字勋章的女性。她创下了众多航空纪录，撰写了关于自己飞行经验的畅销书，鼓励人们更为接受航空飞行，尤其是其中女性所发挥的作用。1937 年，埃尔哈特与领航员弗雷德·努南试图进行环球飞行。他们于 6 月 1 日离开迈阿密，先后在南美、印度和东南亚做了停留之后，在 6 月 29 日到达新几内亚的莱城。7 月 2 日，埃尔哈特和努南从莱城起飞，打算飞往太平洋中部的豪兰岛。此次飞行期间，飞机失去了无线电信号。尽管政府开展了前所未有的搜索，但是都没有发现埃尔哈特、努南或是飞机的踪迹。1939 年 1 月 5 日，阿梅利亚·埃尔哈特被依法宣告死亡，但是人们对于她失踪一事的痴迷一直持续到今天。

斯瓦米和弗海姆（2012）在研究中要求参与者在下列选项中选出最有可能解释埃尔哈特和努南失踪原因的选项。

- 飞机燃油耗尽，在距离豪兰岛不远的海域坠毁。
- 他们抵达了当时荒无人烟的加德纳岛，降落在一片广阔的礁滩上，但最终仍旧死亡。
- 燃油耗尽后，他们立即调头并最终在新几内亚附近的腊包尔坠机身亡。
- 日军击落了他们的飞机，因为他们应富兰克林·罗斯福的要求，在太平洋上刺探日本的军情。
- 当飞机坠毁在日本占领的塞班岛之后，他们被俘并被处决。
- 他们故意将飞机降落在被日本占领的地域，以便美国海军可以在随后的救援任务中侦察日军的情况，最后他们被海军安全接走。
- 他们并未丧生，回到美国后以新的身份继续生活。
- 在飞行途中，他们在不经意间接触了外星飞船并被绑架。

列表按照可信度由高到低/阴谋度由低到高的顺序排列。他们在对电视节目进行研究时发现，最不合理的解释中的信念与智力自我评估较低的人、对政治抱有更大怀疑的人、自尊水平更低的人相关。

4.7
结论

本章阐释了对于常识的依赖究竟是如何一步步使人们心中开出迷信之花，并倾向于赞同阴谋论的。

由于出现了过量的伪科学，而人们对于心理学的知识运用不准确且将其与常识混淆，从而使心理学已经在当今社会中处于一个十分不利的地位。号称拥有超自然神力的人，如灵媒、通灵术者等误导了外行人，使他们将这些与心理学关联在了一起。从本质上说，人类喜欢将毫无关联的事件联系到一起。这种与生俱来的倾向使得人们认为他们掌握读心术且了解有关心理学的一切。此外，有关阴谋论的研究，例如导致“9•11 恐怖袭击”的原因，表明有些人更愿意相信也许缺乏证据和支持的消息，而非大众传媒或政府媒体所提供的声明与理论。

现在的问题是，除了较低的智力自我评级之外，还有哪些因素会影响人们对于阴谋论的接受程度？

第 5 章

弗洛伊德其人

5.1 精神分析学相关知识

毫无疑问，西格蒙德·弗洛伊德可以说是史上最为知名的精神科医生。这位说着一口德语的精神科医生与马克思和达尔文一道，通过自己的想法极大地塑造了 20 世纪，甚至是 21 世纪人们看待自己的方式。迄今为止，他仍是援引率最高的心理学家或精神科医生。

弗洛伊德改变了我们看待并谈论自己的方式。他提出的许多基本观念已经得到了普及，肛欲（anal）、强迫症（obsessional）、性器表征（phallic symbol）、阴茎嫉妒（penis envy）等理论术语已经成为了人们的日常用语。

弗洛伊德无疑是 19 世纪最伟大的高度原创型的思想家之一。他开创了一个——事实上是一系列——有关人格发展、精神卫生与疾病的极具争议的理论。

关于弗洛伊德的书籍数不胜数，一些人试图用自己的理念来理解他。因此，奥斯本（1993）指出，弗洛伊德的童年具有四项复杂且重要的特征：

1. 母亲疼爱他并始终相信他总有一天会出人头地。
2. 父亲的人生并不成功，因此给他们带来了困苦与创伤。
3. 他出生在排犹文化下的一个犹太人家庭。
4. 所有大家庭成员都鼓励他树立远大理想，希望他能够获得成功。

这些因素在许多方面塑造了弗洛伊德的人生观。事实上，许多人认为弗洛伊德的工作与他自己的心理状况密不可分。

奥斯本（1993）继续提出，弗洛伊德的工作可以划分为四个主要阶段（见图 5.1）。

弗洛伊德及新弗洛伊德主义者的众多观点之中都蕴藏着一套通用的假设。

- 行为是强大且通常无意识的动机、内驱力与需求之间的斗争与妥协的结果。
- 行为能够微妙或变相地反映出动机。
- 在不同的时期与不同的人身上，同样的行为可以反映出不同的动机。
- 人们或多或少意识到了引导其行为的力量与驱动其前进的冲动。
- 行为受到能量体系的支配，任何时候都有相对稳定的能量可用。
- 行为的目标是快乐（缓解紧张、释放能量、快乐原则）。
- 性本能与攻击本能是人类的主要内驱力。
- 这些内驱力的表现形式可能会与社会需求产生冲突——因此，必须找到其他渠道来释放本该在实现这些内驱力时所释放的能量。
- 存在生存本能（Eros）与死亡本能（Thanatos）。

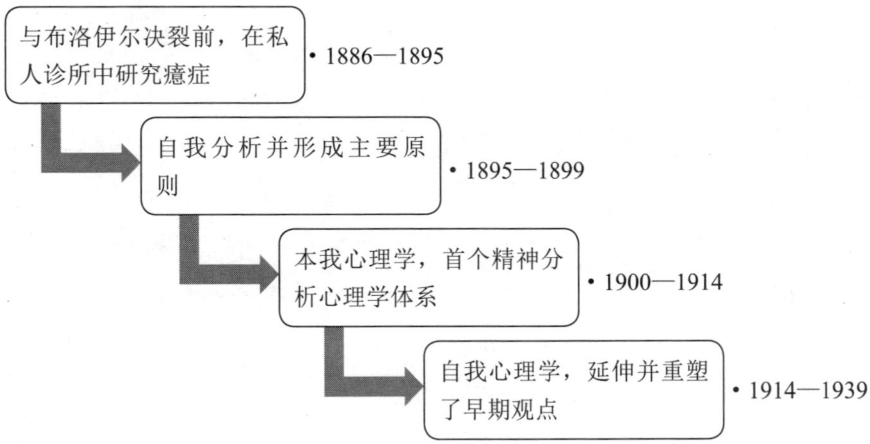

图5.1　弗洛伊德在不同时期的研究兴趣

如果请外行人说出一位他们听说过的心理学家的名字，那么答案一定是弗洛伊德。许多人仍然认为他的著作是有史以来最好的心理学作品，世界各地的人们依旧在阅读他所撰写的书籍。然而，尽管弗洛伊德的理论声明显赫，却依旧遭到了人们的广泛误解与曲解——甚至出现了《弗洛伊德究竟说了什么》（*What Freud Really Said*）这样的书（Stafford-Clark，1970）。

现代人对弗洛伊德和精神分析——他所提出的理论——的态度基本上可

以分为三类。

赞成：弗洛伊德是有史以来的天才之一。除了少数例外，他的基本理论完全正确、具有普遍性，并且闪烁着智慧的光芒。他对人类行为动机的描述是一项重大且独特的突破。这一观点与弗洛伊德自己对于精神分析重要性的评价一致：它是人类思想领域一场意义深远的革命，其重要性绝不输于伽利略、达尔文和爱因斯坦为各自所在领域所带来的革命。

模棱两可：弗洛伊德是他所在时代的伟大思想家。尽管他提出的许多观点具有永恒的价值，但是其中一些过时的想法只适用于当时的时空，而另一些则完全错误。这也许是精神病学家及许多依旧在大量使用弗洛伊德所提出的术语、观点与治疗方法的临床心理学家们最常见的态度。与所有毁誉参半的事物一样，他的部分理论还是不错的。

反对：弗洛伊德就是一个骗子；精神分析是注定会绝迹的人类思想史上的恐龙，也是20世纪最大的智力骗局。弗洛伊德的反对者们抨击弗洛伊德及其现代追随者缺乏科学的严谨性；批评他们将精神分析学家当成是被上帝选中的一群人，不允许出现反对的声音与持怀疑态度的人；指责他们大肆推广一种价格昂贵但疗效平平的治疗方法——事实上，这种疗法也许会监禁而非解放患者。精神分析与精神病学之间的关系就如同炼金术与化学之间的关系。

5.2
小测验

弗洛伊德的许多概念与方法，都对未曾阅读过他的专著，或是只对他试图表述或实现的内容略有了解的普通人产生了影响。在继续阅读本章之前，让我们先来测一测你对弗洛伊德的了解吧。卡拉特（1993）设计了下面这则简短的小测验。

请将下表中上半部分所列的弗洛伊德式的防御机制或自我保护方式，与下半部分所出现的情景进行匹配。

1. 压抑（Repression）
2. 否定（Denial）
3. 合理化（Rationalization）
4. 转移（Displacement）
5. 退化（Regression）
6. 投影（Projection）
7. 反向（Reaction formation）
8. 升华（Sublimation）

a) 某男子因为邻居猎杀了一只鹿而生气。

b) 某位烟民坚持认为没有令人信服的证据表明吸烟有害健康。

c) 某位对自己的宗教信仰心存疑虑的女子试图说服别人信奉她的宗教信仰。

d) 某位殴打妻子的男子撰写了一本书，认为攻击行为是人类的本能所需。

e) 某女子忘了自己曾与医生预约了癌症检查。

f) 某人在无法应付某些人时会噘嘴、哭泣、耍性子。

g) 某位老板将一位员工提出的良好建议据为己有，因为他认为：“最好由我来获得荣誉，这样我们部门就可以表现优异，所有员工也都能从中受益。”

h) 某个想要冲动地喊出令人无法接受的淫秽言语的人成为了小说家。

答案

a) 4．转移

b) 2．否定

c) 7．反向

d) 6．投影

e) 1．压抑

f) 5．退化

g) 3．合理化

h) 8．升华

如果你的正确率未能达到 50%，那就再试试下面这则由韦德和特拉维斯（1990）所设计的更为精简的测验。这次，你需要写出弗洛伊德提出的概念。

这些例子反映了弗洛伊德的哪些概念

1. 一个 4 岁女孩想要偎依在父亲的膝头，但是却拒绝亲吻母亲。

2. 一位单身牧师写下了以性欲和爱情为主题的诗歌。

3. 一个因老板而生闷气的男子呵斥自己的孩子们不要再吵闹。

4. 多年来一直遭到哥哥性骚扰的一名女性郑重地告诉自己的朋友，她很崇拜他并认为他完美无缺。

5. 刚刚迁居到一座新城市的九岁男孩开始发脾气。

答案

1. 恋母 / 恋父情结（Oedipus/Electra complex）
2. 升华
3. 转移
4. 反向
5. 退化

5.3 基本知识

那么，弗洛伊德究竟相信什么？诺贝尔奖获得者、遗传学家梅达沃（1969）指出，精神分析理论自称不会重视任何反对精神分析真相的意见；因为较之于未经分析的事实，这种遭到抵制的真相太过痛苦，甚至让人无法进行深思。如此这般对弗洛伊德的思想持有反对意见就是在拒绝接受精神分析理论。梅达沃认为，此类举动扒下了精神分析所披的科学的外衣，因为它通过这种方式阻止了他人对自己进行审查。正如我们所见的那样，从定义上来说，科学的理论必须可以辩驳，或者换句话说，是可以测试的。因此，梅达沃拒绝接受该理论，而其他人则强烈赞同他的观点。

作为一门科学，人类的意识是心理学最初试图研究的领域，但是弗洛伊德将意识知觉比作了冰山一角。他认为，在可见的山尖之下隐藏着无意识，其中隐藏着不为人知的愿望、罪恶的秘密、难以启齿的渴望，以及愿望与义务之间的冲突。他相信这些力量对人类行为所产生的影响远大于意识，因此只有探入表面之下才能真正研究人类的心理学。

为了探索无意识，弗洛伊德开创了精神分析法。他认为，无意识会在梦境、“自由联想”——可以不必担心别人对你的看法，自由地谈论脑海中突然闪现的念头——以及口误中出现。由于过多的想法与记忆隐藏在了无意识之中，而且由于患者抗拒揭示这些内容，弗洛伊德认为，精神分析治疗也许耗时颇久且难以推行。一些患者也许需要持续治疗20年以上，这样看来，它很有可能像是上瘾的一种形式。

5.4 人格动力学

弗洛伊德的理论及其众多追随者所采取的方法之所以被称作心理动力学，是因为它以心理能量在人体内的运动为基础，并以依恋、冲突和动机等形式出现。弗洛伊德借用了物理学中的能量守恒定理：他认为，能量可以在任何系统中转移或转化，但是总能量始终保持不变。对弗洛伊德而言，心理能量——思考、做梦等心理过程所需的能量——是物理能量的另一种形式。这种形象化的描述与蒸汽机等19世纪的发明有关。通过将水加热转换成蒸汽，蒸汽机可以为大型机械提供动力。

弗洛伊德认为，如果直接表达受到了阻碍，那么能量就必须为其他形式所替代。当转移如同艺术创造或发明过程那样，达到了一个对社会有益的更高层次的文化目的时，就变成了升华。弗洛伊德本人认为，为了文明与生存，性能量与攻击能量可以，并且应该被转移或升华为社会上适当的和建设性的形式。因此，神职人员命令教导孩子，因为他们无法拥有自己的孩子；无法生育的夫妇也许会饲养宠物，以此释放养育子女的能量。

能量从一个物体转移到另一个物体上，这是弗洛伊德人格心理动力学所体现的一个关键特征。不同人格在习惯、态度及行为模式等方面的差异，源于他们将能量从早期的本能偏好中转移出来的方式。弗洛伊德认为儿童存在多形性反常，因为他们的反常与偏执可以以任何形式出现。

5.5
人格结构

对弗洛伊德而言，人格由三个主要体系组成：本我（id）、自我（ego）和超我（superego）。

- 首先，本我积蓄了所有的心理能量和遗传本能。在弗洛伊德眼中，本我是“真实的心理现实”，因为它代表了主观体验的内在世界。它既不关心客观现实，也不受环境的影响。本我遵循快乐原则，试图缓解紧张、避免痛苦、获得快乐。本我是人格中最原始的部分。本我包含两种相互竞争的本能：生存或性本能（受到被称作力比多（libido）的心理能量的推动），以及死亡或攻击本能。随着本能能量在本我内部的逐渐积累，最终会出现一种令人不舒服的紧张状态。本我可以通过反射动作、转换、体征或是“痴心妄想”——毫无保留的心像及被禁止的想法——等形式来消除这种紧张感。能量得以释放，却以奇怪的方式表现出来。识别并发现本我的外在表现是精神分析师的工作。
- 其次，自我是本能需求与社会需求之间的仲裁人。它遵守现实原则，在找到合适的发泄途径前，限制本我追求快乐的欲望。因此，自我代表了“理性和明知”。弗洛伊德如此描述了自我与本我之间的关系：“与本我相比，（自我）就像是马背上的骑手，它必须控制住马匹身上的非凡力量……通常，只要不离开自己的马匹，骑手就有义务将马引向它想去的地方；因此，自我也在以同样的方式不断地将本我的愿望付诸实施，仿佛这些就是它自己的愿望一样。”如果某人因为“本我的愿望”与社会现实产生了冲突而感到焦虑或受到威胁，自我就能自由运用特定的武器来缓解紧张情绪。这些被称作防御机制（defense mechanisms）的武器具有两个特征：否认或扭曲现实，而且往往在无意识的状态下起作用。按照弗洛伊德的说法，通常这些不健康的模式会导致情绪问题，引发适得其反的行为。

虽然弗洛伊德认为所有的防御过程并不完全相同，但我们将采用弗洛伊德的女儿安娜·弗洛伊德——她也是一位杰出的精神分析学家——以及现代人格研究人员所描述的主要过程。

- 在压抑的过程中，具有威胁性的想法、记忆或情绪因为受到阻碍而无法出现在意识之中。它指的是遭到大脑努力抑制的潜意识中不受欢迎的感觉和想法，因此你甚至不知道它们的存在。当然，压抑无法完全获得成功，而且可能会对记忆造成严重损坏。
- 在投影的过程中，自己心中不受欢迎的感受被归结到他人身上。比如会认为："这些人思想肮脏、纵欲过度。"有些文化将投影的整个过程制度化了。
- 至于退化，弗洛伊德认为，从出生到成熟，人格的发展经历了一系列阶段；然而，每向前迈出一步都会产生一定程度的沮丧和焦虑。如果这些情绪变得过于强烈，正常发展可能会暂时或永久终止，孩子可能会在某一阶段停滞不前；例如，他也许无法跨越依赖的阶段。人们可能会在遭受创伤之后，"退化"到更早的阶段。成人偶尔会展露出他们从未克服的"部分固着"（partial fixations），如咬指甲或吮拇指，而且常常会在面对压力时退化出不成熟的行为。一些成人爱发脾气，这可能与他们在童年时期的表现十分相似。
- 在否定的过程中，人们就是单纯地拒绝承认发生了令人不快的事情，或是他们正在经历一种遭到禁忌的情绪。起初，经常可以在被告知已经时日不多的病人身上看到这种情绪。
- 理智化与合理化有赖于复杂的认知过程，是更高层次的防御机制。理智化过度依赖针对情景的"理性"解释，并借此在无意识中控制情绪与冲动。在合理化的过程中，个人可以找到借口为那些由受到压抑且不受欢迎的感受所导致的行为进行辩护。一些人发现，受过大学教育的人可以极其老练地实施合理化。

- 人们会在转移的过程中向物体、动物或他人释放“被压抑的”感情（通常是愤怒）；事实上，这些人与物并非他们真实的情感对象。一旦认为真实的情感对象太具威胁性、无法直接面对时，人们就会求助于转移。

弗洛伊德认为，这些防御机制可以保护自我，允许人们应对现实。由于采用的防御机制不同，运用此类机制时的灵活度不同，再加上防御是否对健康造成了影响、对机能产生了干扰，这些因素使不同的人表现出了不同的人格。

- 超我是人类发展的最后一种人格系统，代表了道德的声音、家庭及社会的规范，以及权威的力量。它遵循*道德原则*。超我由自我理想、个人认为正确的道德和社会标准，以及良知——告诉你某件事情不正确的心声——所组成。超我对本我的活动进行评判，会在个人违反规则的时候，产生痛苦的感受（内疚、羞耻）。自然，某些人的超我比其他人发展得更好。

按照弗洛伊德的说法，健康的人格必须能够保持三个体系之间的平衡。如果遭到了本我的过度限制，人们就会受到冲动和私欲的支配；然而，受到超我过度控制的人往往会表现得刻板、因循守旧且独裁；自我很弱的人则无法在个人需要及愿望与社会责任和现实的局限之间实现平衡。

一位智者曾将精神分析描述为一只为性痴狂的猴子（本我），在一位紧张不安的银行管理者（超我）的监督下，向一名幼稚天真的老姑娘（自我）发起攻击的故事。

5.6
人格的发展

在对性心理理论进行描述之前，我们首先必须明确两件事。首先，意识可以分为三个层次：意识（我们知道的事情）、前意识（只要仔细关注便能意识到的事情）和无意识（只有在特殊情况下才能觉察到的事情）。心理治疗的目的往往就是要将无意识中的内容转换为意识。

其次，人格具有结构。这是三项因素共同作用的结果：人格的生物学基础、无处不在却又存在于潜意识中的本我；人格的心理学执行者、1 岁时便发展起来的部分处于意识范围内的自我；人格的社会与道德成分、自 3～5 岁开始发展的超我。

弗洛伊德认为人格的发展经历了五个阶段。他将这些阶段称作性心理阶段，因为他认为心理发展取决于身体不同部位的性能量在儿童成熟过程中不断变化的表现。只有成功应对这些阶段之后，儿童才能形成理想的人格。性心理阶段的固着可能会导致“变态”的不良人格与行为。

- 口欲期（The oral stage）代表婴儿来到人世的第 1 年，因为他们需要通过嘴来获得一切。在这个阶段，嘴是感觉和刺激的焦点。弗洛伊德认为，在口欲期便处于固着状态的人，也许会在成年后不断寻求吸烟、饮酒、暴饮暴食、辩论和咬指甲等“口腔满足”（oral gratification）。他们也许会选择牙医、律师、歌剧演员、品酒师或是教师等需要动口的职业。
- 在2～3岁时，儿童会进入肛欲期（The anal stage），这标志着伴随着儿童逐渐形成自我意识并意识到现实需求，自我已经开始发展。这个阶段的主要问题是控制排泄物。这是儿童在如厕训练中学到的有关自我控制的一课。弗洛伊德认为，在这个阶段固着的人，可能会发展出“肛门滞留型人格”（anal retentive）：抑制一切情感，痴迷于整洁和清洁。他们也有可能形成恰恰相反的“肛门排出型人格”（anal expulsive）——邋遢、混乱。据说，监督、核查、管控，以及品质保证等工作都与肛欲期固着有关。因为儿童应该在该阶段形成金钱观，因此会计等与金钱相关的工作也与肛欲期固着有关。

- 3 ~ 5岁大致是性器期（The phallic stage）或俄狄浦斯期（Oedipal stage）。此时的性觉位于男孩的阴茎与女孩的阴蒂处。儿童希望拥有异性家长，摆脱同性家长。该年龄段的孩子应该会自豪地宣布“我长大以后要和爸爸（妈妈）结婚”，并且会排斥同性“竞争对手”。弗洛伊德根据在无意间弑父娶母的俄狄浦斯王的希腊神话，将这种现象称作恋母情结（Oedipus complex）。后来，一些精神分析学家用（源于另一则希腊神话的）恋父情结（Electra complex）来描述女性身上的这种冲突，但是弗洛伊德本人及几乎当代所有精神分析学家都只用恋母情结对两者进行概括。

弗洛伊德认为，男孩和女孩经历性蕾期的方式各不相同。该阶段的男孩开始因为拥有阴茎而觉得快乐和自豪。第一次见到女性的时候，他们会觉得害怕。他们在无意识中（以某种方式）发出感叹：“她的阴茎掉了！怎么会这样呢？这个女孩一定被人阉割了。谁会对她做出这样的事情？是我强大的父亲。”这种领悟，弗洛伊德认为，会导致小男孩接受父亲的权威，因为他认为父亲也一定有本事阉割他们。他们抑制住对母亲的渴望，决定尽可能表现得像父亲那样。认同（identification）是他们尽可能将父亲的良知与道德标准内化的过程。超我由此出现。

弗洛伊德承认自己不清楚没有阴茎的女孩如何以不同的方式度过这一阶段。他猜测，当女孩发现男孩的生理构造时，会因为自己只有一个微不足道的阴蒂而非粗壮的阴茎而恐慌。弗洛伊德认为，她会得出自己已被阉割的结论。因此，女孩不像男孩那样会产生强烈的恐惧，从而激励她们放弃恋父的感觉。对她们而言，只有挥之不去的“阴茎嫉妒”。据说健康的女性可以通过生孩子来排解这种嫉妒。神经过敏的女性通过像男人一般行事——也许是选择一份“男性化”的职业或是行为举止过于“男性化”——来解决阴茎嫉妒的问题。女性不会发展出男性那样强烈的道德超我。她们觉得自己不如男性、讨厌其他女性，并且发展出顺从、虚荣、嫉妒，以及“性受虐狂”（masochism）（以受虐为乐）等不幸的人格特质。不必说，女权主义者并不赞同弗洛伊德的观点。儿童会在 5 岁左右克服恋母情结，形成基本的人格模式。无识中与父母的冲突、尚未解决的固着与内疚，以及对于同性和异性的态度将在人们的一生中不断上演。

- 自性蕾期结束至青春期则为潜伏期（The latency stage）。孩子静下心来上学、交友、树立自信、学习适合男性或女性行为的社会规则。性欲感消退，逐渐掌握技能。这是学习社会习俗的时期，通常不存在任何典型的心理创伤。
- 生殖期（The genital stage）始于青春期，标志着弗洛伊德眼中成熟的成人性欲的开端。现在，性能位于生殖器中并将最终导致性交。然而，并非人人都能达到这个成熟阶段。自我的防御机制及本能能量的转移可能会阻止人们形成成熟的生殖器性欲，并使他们固着在“不成熟的”性行为形式上。

恋母情结小测试（奥斯本，1993）

1. 恋母情结是一种普遍现象吗？

2. 为何需要借用神话来描述一种明显的人类心理现实？

3. 为何孩子会害怕被阉割？

4. 为何在经历了恋母情结之后，人对于性的好奇心会受到压抑？

5. 为何弗洛伊德从未明确地界定究竟什么是情结？

6. 为何恋母情结的正面形式——渴望对手死亡——似乎比其负面形式——爱慕同性的父母——更为强烈？

7. 在由大家庭、叔叔或是大家共同抚养而非父母抚养孩子的社会中，恋母情结如何发挥作用？

8. 为何弗洛伊德最初认为，男孩和女孩的发育过程完全对称，但是随后又认为女孩的发育过程更加复杂？

9. 为何弗洛伊德最初认为，孩子对于阉割的恐惧源于家长和看护的真正威胁？

10. 为何弗洛伊德后来认为，孩子对于阉割的恐惧来自于暗示、幻想，以及最为重要的是，小男孩看到的“实实在在”被阉割后的小女孩？

11. 兄弟姐妹之间的竞争与恋母情结有何关系?

12. 为何本该相同的男孩和女孩在恋母情结中表现出了不同?

该理论假定，由一个阶段进入另一个阶段所面临的问题是成人人格的核心。如果一个人未曾经历过任何危机、固着或是回归就进入了发展的下一阶段，这并不会影响其成人的人格。然而，这些阶段所产生的问题会给人留下深刻的印记。因此，存在一些源于童年经历的成人人格特质。此外，面对相同的问题，人们也会表现出完全相反的应对模式（见表5.1）。

表5.1 极端的弗洛伊德人格类型

	变态	正常	变态
口腔特质	乐观主义	⟺	悲观主义
	轻信	⟺	疑心
	控制	⟺	顺从
	钦佩	⟺	嫉妒
	自以为是	⟺	自我贬低
肛门特质	小气吝啬	⟺	过于慷慨
	狭隘	⟺	开朗
	倔强	⟺	默从
	守序	⟺	混乱
	准时	⟺	拖沓
	谨小慎微	⟺	卑鄙下流
	严谨	⟺	含糊不清
性器特质	虚荣	⟺	自憎
	骄傲	⟺	谦逊
	莽撞	⟺	胆怯
	急躁	⟺	腼腆
	合群	⟺	孤立
	时髦	⟺	朴素
	贞洁	⟺	避免滥交
	幸福	⟺	悲伤

第一阶段大约会持续18个月。该阶段的问题涉及喂养、口腔和嘴唇及舌头的性感应区、由液体到固体的断奶，以及长牙之后的咬合等。

因此，过早或过晚断奶、经历口腔剥夺或是口腔过度放纵，都会导致儿童在该阶段出现口腔固着的问题。成人的许多活动都与口腔有关：吃、喝、接吻、说话、吸烟及咀嚼。根据该理论，缺少食物的口腔悲观主义者也许会将嘴作为惩罚工具。他也许十分喜欢挖苦人，并且会选择律师或牙医等与口腔相关的职业。一些人也许会成为食疗法的信徒或是禁酒主义者。另一些人则可能会成为语言纯粹主义者、啃指甲或是咬铅笔的人。

另一方面，放纵的口腔乐观主义者也许会成为糖果、葡萄酒、食品专家或是幽默作家。这类人更有可能吸烟、演奏管类乐器而非弦乐或打击乐器，他们喜欢温暖、清淡、加入了牛奶的食物。因此，口腔乐观主义者和悲观主义者的问题在早期喂养时就已出现，只不过方式完全不同。

第二阶段是肛欲期，此时的冲突根源是如厕训练。在这一阶段，儿童发现他可以通过释放或是抑制排泄物来取悦父母或是让父母生气。弗洛伊德认为，这一阶段与后来的敌对、虐待或是强迫行为相关。

这一阶段的特质是规律、吝啬与顽固。有人指出，与时间、清洁及金钱相关的态度与这一阶段有关。因此，肛门排出型人格的人慷慨大方、不修边幅、混乱无序；而肛门滞留型人格的人则吝啬小气、谨小慎微、十分警觉。这是小官僚、品质控制员和银行家的世界。随后便有了肛门期滞留作用等概念，业已成为大众俗语。

第三阶段是性器期，其特点就是著名的恋母（恋父）情结，该阶段将持续 2 ~ 5 年。这一时期的性感带是生殖器。弗洛伊德认为这是神经元的核心。5 岁的男孩应该（而且在无意识中）能够感受到自己对于母亲的深深爱恋，以及对于父亲的不喜欢。但是没有一个社会可以容忍乱伦行为，这将导致阉割焦虑——相信父亲将以阉割的方式来报复孩子因嫉妒而生的愤怒，从而使恋母（恋父）情结消失。

该阶段的特质要么是造成孩子成年之后的虚荣或鲁莽，要么是造成其恰恰相反的性格。因此，如果这种冲突解决不当，就可能导致过度滥交或是对性不感兴趣。它可能会造成父母固着或是不断回忆过去。骄傲与怀疑、勇敢与胆怯是与性器期相关的人格特质。

性器期之后便是潜伏期，以及自成年后开始的生殖期。冲突的根源来自多个方面，而且涉及许多人都会遇到的困难：建立健康的关系、找到工作、享受生活。它与找到弗洛伊德所说的适应和健康的防御机制有关。

弗洛伊德的观点依旧招致了怀疑、愤慨与轻视。人们在对他的观点进行测试后发现，其中一些存在不足；而另一些则被证明理论的各个方面均正确无误。

5.7 梦

> “梦是通往无意识的捷径。”——弗洛伊德（1899）

多数人都知道，弗洛伊德及其追随者均对梦十分感兴趣。克莱因（1984）准确界定了弗洛伊德对于梦的定义。

- 所有的梦都代表一种愿望。根据弗洛伊德的理论，这种愿望往往与在清醒的生活中被压抑的冲突无法获得渲泄有关。因此，这是一个未曾实现的愿望。根据这一观点，梦对于心理健康来说至关重要。
- 梦是睡眠的守护者。梦是本我活动的产物。没有它们，本我的愿望将进入意识，自我将被焦虑淹没，我们就会醒来。这其实就是噩梦的基础。梦即将进入意识时，人会从噩梦中醒来。噩梦是试图将充满焦虑的梦境转换成可以接受的梦境的结果。
- 梦由潜意识压抑力塑造而成。本我的活动受到潜意识压抑力（相当于超我，这是心理分析理论发展过程中出现相对较晚的一个概念）的监督与掌控。通过梦进行伪装，它可以确保梦能够避开自我。如果失败，人就会如我们之前所见的那样醒来。

- 这些变化与伪装被称作做梦的过程。它们是原始过程，是本我活动。因此，对做梦过程的研究就是对无意识、原始心理过程的研究。这确实说明了梦的重要性。

通常，人们无法接触无意识的原始过程，做梦的过程是一项例外。因此，对于梦境的分析被描述为是通向无意识的捷径。

从梦境本身可以推断出各种问题。这是通过获得与梦的自由联想来实现的。梦境能够改变和扭曲现实，这种变化与伪装会以各种形式出现。最常见的两种形式是象征与凝聚。琐碎化及向相反方向转变也是典型的做梦机制。

从本质上来说，这些变化意味着梦到了什么，梦境所展现的内容相对无害。未实现的愿望主要留在了潜在内容之中。通过自由联想对梦境进行分析的目的，在于透过做梦的过程揭示潜在愿望。弗洛伊德对人格的动态性、结构与发展十分感兴趣。

《梦的解析》（*The Interpretation of Dreams*）意欲实现两个目的：通过对梦境进行分析来证实弗洛伊德有关无意识的理论；展示如何对梦境进行分析。

弗洛伊德认为，所有的梦境都具有意义：每个梦境都有起因；我们只记得显性的梦境（梦中发生了什么）；潜性梦境（被压抑与无意识的部分）是梦的成因；两者之间存在复杂的关系，只有通过自由联想才能显现出这种关系。

一个极其明显的问题是，梦来自何处，导致特定梦境的原因是什么？弗洛伊德认为，有关梦境的一些主要信息源于以下方面。

1. 最近发生的事件及明显的情感事实，如被激怒。梦中可以复仇，这是实现愿望的简单方式。

2. 梦境将许多想法融合在了一起，这也被称作凝聚。

3. 转移：最近的一项不太重要的记忆也许关乎一个重要事件。自由联想可以揭示两者之间的联系。

4. 近期的琐碎想法关乎长期尘封的记忆。只有精神分析才能发现深层转移。

奥斯本对做梦的机制进行了总结（1993）。

1. 凝聚。一个意象可以代表许多联想。因此，可以通过分析被压抑的想法、陈旧的想法、无法识别的想法，以及未曾思考过的联想如何与位于梦境最前端的凝聚的意象连接在一起，来推断梦的潜在内容的复杂性。一种想法或一个事件可以同时代表不同的冲动方式，这被弗洛伊德称作“多元决定”（over-determination）。

2. 转移。将和一件事情相关的感受与另一件事情联系到一起，例如，针对妯娌的恶意会转移到一只白色的小狗身上。

3. 戏剧化。有趣的是，梦境几乎全是可视化的，就像是一部电影。与一些烂片一样，事件与梦中的影像之间几乎不存在什么关联。但是，正如做梦者所说的那样，每幅画面都讲述了一个故事。在梦中，故事被隐藏了起来，画面变成了线索。

4. 象征。图像代替并象征了其他内容。梦充分利用了符号。弗洛伊德说：“在梦中，符号几乎只用来表达性对象与性关系。”

5. 二次阐述。当有人醒来之后，他们会回想起梦境的内容，并且开始思考梦境的含义。这始于一种可以使他们远离潜在内容的解释。

现代对于梦的研究十分有趣。为何我们可以于同一个夜晚在睡梦中多次进入幻想世界？为何我们能够感知虚构的事件、实施假想的行为，它们意味着什么？它们是通向无意识的入口吗？如果将人们从快速眼动睡眠中唤醒，询问他们是否有事情发生，他们几乎总会开口描述自己的梦境。这些描述表明，人在睡眠时依旧具备意识，尽管他们并非每次都能记住自己在梦中的经历。

梦中的清晰所见掩盖了潜在内容背后所隐藏的含义或重要意图，也许正是这些含义导致了焦虑与心理不适。梦境本身并非无意识的直接体现，相反，我们需要对其加以分析，因为它们是真实的潜在感受的象征或隐喻。例如，因为物理或功能上的相似性，一些符号被广泛使用，但是却不存在任何可以被普遍使用的简单的密码。

显然，弗洛伊德会竭力争辩说，梦境为我们提供了一个洞察无意识的途径。然而，距离他的研究已经过去了 100 多年，在这个话题上，众多现代心理学家有许多内容需要补充。

另一种对于梦境的解释并不涉及无意识的冲突或欲望。在快速眼动睡眠期，脑桥中的一圈能够分泌乙醯胆碱的神经元被激活，从而促进眼球快速运动，激活大脑皮层，麻痹肌肉，我们因此见到了图像。此外，实验多次发现，人在睡梦中的眼动与梦境的内容具有较好的吻合度；如果梦中的事件曾经真实发生，就应该会产生眼动。

梦中唤起的图像往往融入了有关新近发生的事件的记忆，或是最近正在思索的问题。据推测，由于近期得到了使用，相关脑回路会变得更加兴奋。等待接受大手术的患者会在术前两或三晚所做的梦中感受到恐惧。他们极少会直接表达自己对于手术刀或手术室的担忧，相反，这种焦虑会以凝聚的象征形式获得间接的表达。梦常常能够反映出目前在一个人的生活中最为重要的东西，而非那些深层次的愿望实现概念。霍布森（1988）认为，大脑会产生碎片化的图像，我们会通过编造故事的方式在潜意识中将它们串联起来。

此类研究结果并未对弗洛伊德的观点——梦涉及复杂的认知过程，其中的许多过程均不可见——提出反驳，却驳斥了其理论的中心原则：梦是隐藏在无意识深处的被禁止的欲望的伪装表现。

我们不知道梦中的某些特定主题是否与梦的功能相关，也不清楚快速眼动睡眠的目的是否由大脑中的生理变化所实现，而不管梦的情节如何。鉴于我们仍然不知道做梦的缘由，存在这种不确定性也不足为奇。但是大脑研究的多数领域所取得的飞速进步为我们带来了希望，我们将在不远的未来找到一些答案。

5.8 批评

多年来，心理学家一直在试图对弗洛伊德的理念与实践进行评估。以下是其中最常见的一些批评之声。

- *无法印证的假设*。不论理论的内容是新还是旧，是原创还是修订，精神分析的许多思想都无法进行测试。它们是描述性的观察结果，其中的诗意大过科学性。由于多数精神分析理论有赖于分析师的主观解读，我们无法判断究竟哪位分析师的意见才正确。弗洛伊德提出了阴茎妒忌；而霍妮则认为是子宫妒忌。弗洛伊德看到了阉割恐惧，但是其他分析师却没有。
- *错误或具有时效性的想法*。在对弗洛伊德的观点进行测试之后，人们发现其中不少存在错误。例如，他认为本能充斥着我们体内的“水库”，而这种想法已被现代生理学研究否定。人体无法“存储”愤怒或是其他情绪。人们当然可以积累怨尤，在心中列出一张长长的怨恨列表，但是这并不代表人体内蕴含着固定数量的攻击性能量。现已证明，弗洛伊德的其他观点仅仅针对他所在的社会有效，而非永恒的普遍原则。例如，弗洛伊德认为两性冲突是导致多数人格问题的原因。也许这种看法在维多利亚时代更为合适。人类学家指责弗洛伊德是那个时代的产物，他的理论只适用于当时神经质的中年维也纳女性。
- *“患者可以代表全体人类”的谬论*。弗洛伊德及其追随者不恰当地将从接受治疗的患者身上所获得的经验延伸至了全体人类身上。为了获得准确的结果，观察者必须随机选取并未接受过治疗的女性、儿童或同性恋者的样本。事实上，该理论的数据基础仅仅是极少数远称不上典型的患者。
- *“回溯过去”或是“错误记忆”的谬论*。回顾人生意味着有序排列事件。我们通常会假设，假如A先于B发生，那么A就是导致B的根源。精神分析学家经常犯这样的错误。回溯过去也取决于一个人的记忆，这是很容易失真的。
- *过分强调无意识的过程，而非真实经历*。不论是当时还是现在，出于理论与实用的双重原因，弗洛伊德对无意识进行了强调并取得了巨大的成效。能够发现人们并非总能知晓自己的真实欲望或行为背后的动机，的确是人类迈出的伟大一步。然而，现今的一些心理学家认为，对于无意识的强调有些过火，真实事件及有意识的思维的重要性因此遭到了掩盖。自弗洛伊德起，人们已经证明有意识的思维与行为同样耐人寻味。

克莱因（1984）对九项反对意见进行了详细研究，他认为这些意见有效说服了多数理论心理学家相信，弗洛伊德的理论既不科学也不值得认真研究。

- 弗洛伊德采用的数据基础样本主要是一群歇斯底里的、神经质的维也纳犹太女性，这些人是19世纪末逐渐消亡的欧洲传统现象的代表。不可能从如此有限的样本中推断出可以适用于全人类的理论。
- 弗洛伊德及其多数追随者的精神分析著作中几乎没有提供数据。他们只对未知数据进行了解释，有时还混杂着患者本人的叙述。因此，无法检验这些解释是否连贯一致。
- 弗洛伊德每天接待4～5位患者，每人就诊1小时。他习惯在晚饭后记录病例。为了不破坏与患者之间的融洽氛围，他不会在整个会面期间做任何笔记。因此，我们完全可以质疑弗洛伊德对于数据的回忆是否准确。根据弗洛伊德自己提出的有关压抑的观点，他只会记住符合自己假设的数据。
- 弗洛伊德回避了定量分析。缺乏量化这一点强化了本身便已存在问题的理论化的模糊性。
- 量化的缺失意味着缺少（也不可能存在任何）统计分析。这反过来意味着我们无法估计任何观察结果可能纯属偶然的概率。没有此类统计分析，就不可能对列明的数据进行解释。
- 此外，该理论不具备可反驳性。这条辩驳的理由十分关键，因为可反驳性是科学理论化的核心（Popper，1959）。例如，可以举出何种相反的证据来辩驳弗洛伊德后期的观点，即生存本能与死亡本能是为人类行为提供能量的两种驱动力？
- 无法利用弗洛伊德的理论进行预测。虽然它可以在事后提供解释，但这是属于模糊性而非阐释力的功能。
- 最后，精神分析疗法（毕竟是理论存在的理由）的效果并不显著。事实上，接受精神分析的治疗反而可能会妨碍患者的恢复，70%的病例自然地出现了这种情况。

- 根据这些反对意见得出的结论就是，精神分析就是一堆不科学的废话，最好与燃素、地平学说及托勒密的地心宇宙说一道，归入思想的历史（Klein，1984）。

（克莱因秉承公正的态度，试图解释其中的一些观点。）

- 尽管有关采样的异议确实存在，但是这个问题几乎同样适用于心理学的所有分支，也许心理测试学除外。
- 认为分析疗法失败就意味着理论失败的观点存在逻辑谬误。因为它无法展现某一特定理论是否获得了良好的应用，因此治疗的成功与否也无法归结到基本理论上。
- 弗洛伊德的理论可以通过概念化成为一个庞大的理论与一个假设的集合。并非所有假设最终都能被证明是正确无误的。然而，一条假设的失败并不意味着所有假设均存在错误。换句话说，认为精神分析理论是由一些或真或假的假设所组成的集合是完全合理的。因此，无论是像心理学界那样抵制精神分析，还是如精神分析学家一般对它全盘接受，都毫无意义。我们真正需要做的是根据实证证据——这是科学方法的本质——逐条筛选这些假设。如此这般，从这个概念上来看，精神分析学的标签便立刻可以从不科学摇身变为科学。
- 至于精神分析治疗的效果，我们不能说它是一种有效的治疗方法。但我们同样无法认为它无效。目前还没有确切的证据可以证实以上任何一种说法。

弗罗施（1997）在评论中表示他既支持又反对精神分析。他的反对理由如下：

- 权威的培训与制度结构；
- 证据混乱；
- 临床资料文档质量差；
- 研究基础薄弱；

- 有关结果与过程的文献数量有限；
- 民族优越感；
- 规范道德化倾向。

奥斯本（1993）认为：

- 弗洛伊德一直是决定论者。这就意味着，每当他谈及灵力现象，都会认为它们是由人格动态体系中的一些过程所造成的。
- 本我、无意识并不神秘或是无懈可击；它是正常生活的一部分，精神分析可以证明它的效果。
- 弗洛伊德提及的冲动（trieb）并非许多释意者所指的本能，而是驱动力，这两者之间存在着巨大差异。如果弗洛伊德指的是本能，他就应该是一位生物学决定论者，可他不是。
- 弗洛伊德认为，任何形式的过度压抑都会导致神经衰弱与苦恼忧愁。这个核心事实决定了许多现代文明。

弗罗施（1997）也指出了精神分析积极的一面：

- 主观性和情感的互动；
- 关注作用及内在性；
- 拓宽了理性的范围；
- 批判性地认识到意识的局限性；
- 灵活而复杂的人际关系焦点；
- 欣赏幻想及治疗的整体性。

弗罗施（1997）指出，无意识幻想这一概念在精神分析里占据着中心地位。精神分析学家认为，人类生来便满怀随意的幻想——愿望、梦想、焦虑和冲突。

当我们爱或恨一个人的时候，当我们在社区中聚拢到一起或是避免与他人接触的时候，当我们寻求或是拒绝帮助的时候，我们就是处在严格的幻想与无意识的意义结构之中……沉浸在混乱棘手、无法控制、不可收拾的物质之中，也许精神分析最后也会显得混乱棘手、无法控制与不可收拾，这毫不奇怪。在许多情况下，精神分析的运作方式会让人觉得，它对人的主体性构成所做的狂野、激进的描述滚烫得令人难以驾驭。随后，精神分析又会起到一种约束的作用，仿佛它的道德任务是抵御自身的烈火或者至少促使其与周围的火药保持安全的距离。

弗罗施相信，许多精神分析学家在面对群众监督与批评时的反应流露出了其内心的焦虑与不安。他相当调皮地利用精神分析的解读来解释这种行为——那是因为他们不相信自己所做的事情，还是因为害怕知道自己究竟做了什么？

精神分析并不相信存在完美无暇、客观、未被损害的证据。它接受自反性的必然性。按照弗罗施（1997）的说法："由于永远无法将观点与提出观点的人割裂开来，我们永远也无法证明所讨论的理论客观有效。简言之，精神分析学家可以借助无意识的诡计设法躲过一切。"

然而，弗罗施（1997）相信，精神分析师能够凭借自身对于主体间性的理解，以及细致观察的传统，提出一些实用的观点。他对治疗的看法不偏不倚。他指出，治疗过程被描述为"盛气凌人、束缚限制、价格昂贵。还有精英主义、投机性、侵入性、男权、社会压迫……精神分析活动的时长、花费及彻头彻尾的古怪，至少在公共卫生领域是不可原谅的"。

弗罗施也提到了治疗程序的魅力、咨询室态度变化的微妙措辞、信仰与情绪、细致与耐心、等待和观察的能力等。但是总体而言，弗罗施对于精神分析的态度似乎还是以反对为主。请思考下面这段引言。

留给我们的是一套精心设置、深奥难懂的操作实践，没有任何令人信服的证据可以证明它们的效用，但是它们在各类密切相关的形式中得以制度化，并通过"封闭式会员制"的安排进行配给，这样提供者便能收取足够高的费用，借以维持中产阶级的职业生活方式。这些分析师用老练的术语自言自语、说服他人相信他们正在研究一些有意义的实质性工作。此外，他们让自己能够就当代生活中一些令人不安的核心问题——暴力、虐待儿童、性困扰——

发表意见，就好像他们知道自己在说些什么一样。但是，争论可能会继续，除了他们自己的观点，他们一无所知。这完全就是一种自欺欺人的欺诈行为。（Frosh，1997）

5.9 弗洛伊德与可证伪性

波普尔认为，弗洛伊德的所有解释都颠倒了因果关系；它们试图在事后解释人类行为，而不是对其进行预测。

这并未使深受精神分析影响的文学评论与其他人文学科感到焦虑，但它确实使部分科学家开始担忧，他们都认为弗洛伊德心理学在多数心理学体系中失势的主要原因，就在于它未能满足可证伪性的标准。

斯坦诺维奇（1998）对于精神分析的心理历史学尤为挑剔，他认为这是在“不断编织一张张貌似合理的猜测巨网”。他认为，许多精神分析学家对特定行为的解释均无用、错误且危险。

这些解释十分诱人，因为它们确实能够解释一些事情。事实上，它们解释了一切——在所有事实发生之后。然而，他们所提供的解释只能营造出一种理解的错觉。通过试图在事实发生之后对一切进行解释，他们闩上了前进的大门。只有当一种理论不是对一切进行预测，而是能够做出特定的预测——事先——告诉我们关于世界的某些具体性推测时，才能取得进步。当然，根据这种理论得出的预测也许是错误的，但这是一种优势，而非劣势！（Stanovich，1998）

但是，终生致力于对精神分析开展猛烈批评的艾森克（1985），却并不认为可证伪性问题会给予精神分析致命的一击。他认为，弗洛伊德的许多观点是可测试的，只不过其中的多数观点未能通过测试。他对于精神分析复杂体系的批评是，这些理论往往不仅缺乏逻辑，而且无法在未经筛选的测试条件下获得事实方面的支持。

精神分析既是理论与治疗的方法，也是调查和研究的方法。许多批评家对弗洛伊德及其他精神分析学家的著作或是与他们相关的作品进行了评论，艾森克（1985）向这些人发出了下列警告。

- “在查阅相关证据之前，不要相信你见到的任何与弗洛伊德或精神分析有关的文章，当作者是弗洛伊德本人或是其他精神分析学家时尤是如此。”
- “不要相信弗洛伊德及其追随者所说的关于精神分析治疗获得成功的话。”
- “不要相信有关独创性的声明，而应该看弗洛伊德的前辈们所做的工作。”
- “在接受号称可以证明弗洛伊德理论正确的证据时一定要小心；证据往往会得出完全相反的结论。”
- “在研究人生历程的过程中，不要忘了显而易见的事情。”

他用下面这段话结束了他对精神分析的抨击。

“从正面来看，精神分析不过是似是而非的正统观念的不成熟的结晶；从负面来看，它是伪科学学说，会对信赖其所发出警报的无数患者心中的希望与愿望造成损害。是时候将它视作一种古玩了，应该转而去完成建立真正科学的心理学这项伟大的任务了。”（Eysenck，1985）

5.10
今日的弗洛伊德理论

激烈的争论一直延续到了 21 世纪。学生们都爱弗洛伊德。从字面上来说，他的理论确实十分性感。它往往有悖常理，而且听起来十分强大。鲜有人能够抵挡住弗洛伊德的学识、想象力和创造力所散发出来的魅力。100 多年前在一次维也纳外科手术中所萌发的一些见解在今天获得了清晰的证明，但是另一些观点却没有如此幸运。有关这位迄今为止依旧是历史上最有名的心理学家所做的重大贡献的争论将不可避免地延续下去。

西格蒙德・弗洛伊德也许是历史上最为知名、援引率最高的精神科医生。针对无意识与防御机制的研究使他发展出了精神分析法。通过释梦与自由联想等方法，弗洛伊德试图理解和解释隐藏的无意识冲突。心理动力学的方法也对包括弗洛伊德提出的著名的恋母情结等人格发展问题提供了解释。只有通过解决每个阶段的冲突，才能使孩子培养出“正常”的人格特质。然而，从可证伪性到过度强调无意识，从主观到过于简化，弗洛伊德的理论遭到了相当多的批评。但是，弗洛伊德和他所研究的方法发展出了一套行为主义所缺少的研究心理学和人类的手段，那就是通过更加全面的视角来观察一个人。

/ 第 6 章 /

变态心理学指南

6.1
引言

多数心理学专业的学生都必须参与临床实习，在这一过程中，他们会再三考虑是否要成为持有执照、获得认证的临床医生。由于竞争激烈，深入课程很难。出于各种原因转行的临床医生同样数量惊人。

然而对于大多数人来说，心理学研究的就是心理疾病（与心理健康）。该领域传统上被称作变态心理学，尽管现在很多人称之为临床心理学。变态心理学研究的是变态的信念与行为。它探索被分至不同类别之下的不正常的习惯、想法或内驱力的起源、临床表现与治疗手段。事实上，在如何对变态 / 临床病症进行分类、定义及命名等问题上，精神病学与心理学领域内都存在着大量争议。

这些也许是由环境、认知、遗传或是神经系统的因素造成的。对于治疗来说，病因至关重要。

尽管发现心烦意乱或是举止怪异的人相对容易，但是要对变态做出定义却要困难得多。变态通常意味着违背公认的文化规范。对心理学家而言，真正的问题在于该行为是否属于适应不良（maladaptive）行为，给个人带来痛苦，造成社交障碍。如果一个人的行为看起来十分荒谬，或是会对他们自己及其他人造成潜在的伤害，我们通常就认为该行为属于变态行为。心理学家称之为精神病理学，而其他人则把它叫作疯狂或精神错乱。许多人认为疯狂极度令人恐惧，因为人们通常认为精神失常的人十分危险，他们的行为不可预测，于人于己都是一种威胁。

社会经济地位、性别与种族因素均与变态行为有关。变态行为同样与文化因素有关，因为被一种文化视为变态的行为在另一种文化中却未必如此。

据调查，相对而言，女性比男性更容易患厌食症、贪食症或焦虑症，而男性则更容易对药物上瘾或出现精神变态，穷人比富人更有可能患精神分裂症。美国儿童中，适控障碍的发病率要高于过控障碍，而西印度群岛的情形却恰恰相反。

弗海姆（2008a）提出至少可以通过五种方式研究变态这一主题。

正常与变态

内省：将自己、自己的行为与价值观作为正常的标准也许是最原始的想法。成语与谚语表达的就是这些（如偷盗一次，做贼一世；各花入各眼）。因此，与我们类似的人是正常人，与我们不同的人则不是。这种方式也倾向于用简单的类别或非重叠性类型——正常、变态、极其变态——进行思考。

规范：在应该如何思考与行动这一问题上存在着理想、合意的状态。这种完美世界的观点往往是由宗教与政治思想家提出的。正常是完美的：离正常越远，就越变态。与其说这是“尽可能合理”的状态，还不如说是“应该如何”的状态。没有什么绝对的正常，因为人无完人。

文化：从服装到风度，从语言到爱情，文化决定了所有趋势。文化规定并禁止了行为，认为某些事情是禁忌，其他则是非法的。同样，一个人距离文化规范越远或越是不同，他就越会被认为是变态。然而，随着文化信念与实践的变化，正常的定义亦是如此。

统计：所有统计学家都知道钟形曲线或正态分布的概念。它具有特殊属性，在智力界最为出名。因此，100分是平均数，66%的人得分在85～115分之间，97%的人落在70～130分之间。因此，如果你的得分低于70分或高于130分，就表明你与众不同、异乎寻常，尽管不会使用变态这个词。这一模式存在缺点，不能因为某一行为频繁发生，就认为这是一种健康或合意的行为。此外，它同时也适用于那些比较容易测量的能力，但是却不易应用于诸如个性或精神疾病之类更难以捉摸与多元化的问题。

临床：社会科学与临床医生试图对人体机能的有效性、机体结构及适应性进行评估。这在很大程度上取决于评估的维度。临床医生也认为，正常与变态之间的界限并不清晰，有时判断甚至有些主观，尽管他们已努力地做出了可靠的诊断。变态通常与适应力差、痛苦或怪异的举止有关。

然而，变态通常拥有六个被称为 4D 的公认的标准：痛苦 (distress)、异常 (deviance)、功能失常 (dysfunction) 与危险 (danger)。变态往往涉及悲伤与痛苦，以及适应性差——无法应对日常生活琐事，如维持和谐的人际关系和照顾自己。

另一条就是荒谬的言行——有关物理世界、社会世界以及精神世界（往往包括在内）的不合逻辑的古怪信念，还有不被外人理解的个人行为。他们也许能够听见并不存在的声音或是相信静物具有生命力。

心理变态者的行为往往不可预知；他们可能会极其反复无常，从一个极端走向另一个极端，而且行为通常难以控制。他们的举止往往极不恰当。

变态以不遵循惯例的、通常极其罕见的、不受欢迎的行为为特征。有时，这些被称作鲜明的、反常的行为。这些人可能会以极为怪异的方式行走、说话或是着装。对于他们的行为，不同社会的容忍度会有不同。

变态具有道德维度，因为它与破坏规则、违反道德标准、忽视社会规范有关。非法、不道德、不受欢迎的行为属于变态行为。因此，悲伤、糟糕、疯狂等概念全都与人们的思维有关。

朋友、家人或者仅仅是旁观者，都常常在面对明显的变态行为时感到不自在。人们会躲避、远离、回避精神变态者。这可能会给家庭带来耻辱，成为禁忌话题。

但是，弗海姆（2008a）指出，所有对于变态的定义都存在问题。

首先，不正常社会中的正常人往往会被贴上变态的标签。

其次，专业观察家无法就正常与变态如何分类达成一致。在一个人能否被视为某种意义上的变态这一问题上，仍然存在根本的分歧。

再次，究竟由谁做出判断也是一个问题。鲜有人会认为自己变态：大多数人对自己的评价都相当正面，而且也确实知晓很多其他人不了解的信息。

最后，许多判断都存在社会政治维度。

6.2 在疯狂之地保持理智

最著名的反传统精神病学的研究之一出现在 20 世纪 70 年代初（Rosenhan，1973）。八位心理健康的“正常”研究人员试图通过寻诊进入几家美国精神病医院。他们向医师报告的唯一症状就是幻听（诉说“空虚”“空洞”之类的词汇）。其中七人被诊断为精神分裂症，接受住院治疗。一进入医院，他们便恢复了正常行为，当他们礼貌地要求获得信息时，没人理睬他们。他们后来说，被贴上精神分裂症的诊断标签就意味着他们在精神病院中地位低下，毫无权利可言。

随后，研究人员决定将自己的计划和盘托出，承认他们没有表现出任何症状，感觉良好。但是三周之后，他们才获准带着“精神分裂症缓解期”的诊断结果出院。可见，健康的正常人很容易被误诊为异常者。但是反之也成立吗？同一批研究人员告诉精神病院的工作人员，有假装的精神分裂症患者也许会试图进入他们医院。研究人员随后发现，有 19 位真正的精神病患者被两名或两名以上的工作人员怀疑为骗子，其中一名工作人员是精神科医生。

研究的结论就是：无法区分精神病院中的正常人与患者。虽然这项著名的研究收到了来自道德与实验两个方面的大量批评，但是它却为反传统精神病学运动添加了巨大的动力。精神分裂症患者是被来自社会、经济及常见的压力逼到了现在这样疯狂的境地（作者个人观点）。

反传统精神病学运动主要涉及三场运动（见图 6.1）。第一场始于 20 世纪 50 年代初，是受到弗洛伊德启发的心理分析精神病学家与采用生物物理方法的新精神病学家之间的战斗。赞成长期、动态的谈心治愈疗法的前者正在失势，并且受到了后者的挑战。他们认为心理分析不仅花费昂贵而且无效，同时还极其不科学。采用生物学观点的心理学疗法是将手术与药物结合起来治疗，并且初获了一些重要的成功。保守派挑战了改革派。

20 世纪 60 年代，大卫 • 库珀（David Cooper）、R.D. 莱恩（R.D Laing）和托马斯 • 萨斯（Thomas Szasz）等著名人物在不同国家发起了第二次攻击，开始对利用精神病学来控制偏离社会规范的人的做法直言不讳。他们提出，那些被认为在性取向、立场或道德层面上离经叛道或与众不同的人都被视作精神病患者，接受了治疗与控制。萨斯的名作《心理的神话》（*The Myth of Mental Illness*）（1961）清晰地解释了这种境况。

第三股力量由北美和欧洲的社会学家组成，尤其是尔文 • 戈夫曼（Ervig Goffman）与米歇尔 • 福柯（Michel Foucault），他们看到了精神病学的狡猾之处和其对于给人贴标签、污名化，以及住院治疗所产生的影响。

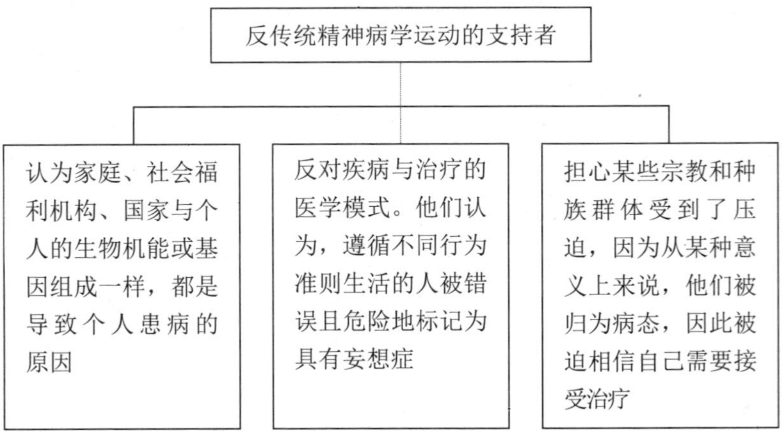

图6.1　反传统精神病学运动的信念

这场运动在 20 世纪 60 年代出现的反正统文化、树立具有挑战性的时代精神中达到了高潮。彼时，出现了质疑生物精神病学家及国家服务与实践方面问题的通俗电影（如《飞越疯人院》（*One Flew Over the Cuckoo's Nest*）和激进的杂志。

反传统精神病学运动的组织一直是社会行动团体的松散联盟，倾向于关注精神分裂症或是性功能障碍等十分具体的问题。它提倡真实性和解放、赋权与个人管理，而非药物干预。许多人开始攻击医疗产业，尤其是维多利亚时期建立的精神病医院等治疗机构。

不论是过去还是现在，这项运动均十分关注诊断标签的威力，将这些标签视作提供了确定与不变的虚假意象。这项运动在很大程度上获得了成功，因此精神分裂症患者现在常被描述为患有精神分裂疾病的人，艾滋病患者则被称作患有艾滋病的人。这项运动抗拒诊断标签与诊断手册，理由是人们也许是不符合某一标准，也许是符合多重标准，而且专家之间几乎无法达成一致意见。

6.3 心理疾病

多数人知晓并了解抑郁症这种具有普遍性的疾病的成因、表现，甚至治疗方法。但是还有一些心理疾病却会引起人们的恐惧和困惑。我们将讨论其中的两种——精神分裂症与精神病态。

精神分裂症

精神分裂症是一种精神病，其特征是出现思维、知觉、行为和情绪障碍。通常会将神经官能症与精神疾病区分开来。神经官能症患者往往表现得十分焦虑、抑郁、内疚或是拘谨。他们时常感到害怕，表现出担忧、紧张、分心、抑郁或是疲惫的情绪，或是在应对强迫性思维、强迫性仪式或过度遗忘等问题时事与愿违。

精神疾病患者则会表现出更为严重、更加令人不安的症状。其中包括幻觉、妄想、强烈的情绪波动、明显的思维错乱，以及会导致孤立与社交退缩的急性与慢性人际关系问题。多数神经官能症患者都了解自己的病情，但是精神疾病患者却并非如此。

一想到会遇见精神分裂症患者，多数人都会感到恐惧。人们认为这些人精神错乱、危险、癫狂、精神失常、行动不可预测、无法控制。

这一诊断术语是导致精神科医生、患者和公众之间产生争议和争论的主要原因。最常见的反对之声就是，这是一个无益的“总括性”术语，涵盖了由不同原因造成、呈现出不同症状的一系列不同疾病。因此，这样的诊断并不可靠。有人提出了精神分裂性人格特质（schizotypy）这一说法，用来表示与精神疾病，尤其是精神分裂症相关的连续的人格特征。这与你要么患有该种疾病，要么没有患病的“一刀切”的看法视角不同。

假设每 100 人中有 1 人患有精神分裂症，并且是最为严重的精神障碍。有人指出，该疾病的预后是：1/3 的人需要长期收治在社会福利机构中；1/3 的人病情表现出缓解的症状，可以被视为已经治愈；还有 1/3 的人会交替出现发病与“正常”的状态。由于与正常人相比，他们显示出了某些症状（阳性）而缺少了某些表现（阴性），他们便显得与众不同。他们往往会表现出各种思维障碍（毫无条理，非理性思维）、妄想与幻觉。他们往往精神不振、缺乏主动性、不与社会接触。他们不太表露情绪，鲜有愉悦之感，往往沉默寡言。

人们对于精神分裂症患者存有诸多误解。

- 他们极度危险、不可控制、不可预测；事实上，大多数患者十分害羞、沉默寡言、很关心自己存在的问题。
- 他们具有分裂的双重性格；事实上，精神分裂症患者只在情绪（情感表达）与认知（思维）方面存在分裂。

- 他们不能，也无法痊愈；一旦罹患精神分裂症，便永远是精神分裂症患者。

由于症状呈现出范围广、种类多的特征，对精神分裂症进行分类的工作依然极其复杂。这些症状包括：妄想（古怪、虚幻的信念）；幻觉（虚幻的声音、视觉与嗅觉的感官知觉）；语无伦次（毫无条理、联想松散、使用莫名词语）；行为紊乱（穿着、姿态、个人卫生）；消极、毫无波动的情绪（精神不振、性欲缺失）；对于自己的问题并无多少了解，以及抑郁等。

由于诊断十分复杂，人们命名了各种亚型。因此，存在紧张型精神分裂症、妄想型精神分裂症、错乱型精神分裂症三种。紧张型（源于希腊语“伸展或拉紧”）精神分裂症患者往往会长时间摆出怪异的静止姿势。妄想型精神分裂症患者会产生控制、伟大、受到迫害的妄想，并且始终对周围的人持怀疑的态度。错乱型精神分裂症患者会冒出古怪的想法和语言，突然爆发出不当情绪。一些人提到了单纯型或未分型精神分裂症。另一些人则会用急性（突然发作且严重）与慢性（持续且渐进）病症来区分。还有一种是按照Ⅰ型（主要是阳性症状）与Ⅱ型（多为阴性症状）来区分。

结论是，至今仍未能就亚型或是机能的具体缺陷达成完全一致的意见，尽管这些缺陷通常可以归为四类：认知或思维；知觉或视觉；运动神经或运动；情绪或情感。同时，研究人员也在继续寻找关于某些人容易患精神分裂症的根源或理由。由此，出现了日益复杂的遗传学研究，以及尤其针对妊娠并发症、童年期创伤性经历、脑功能及家庭和文化影响的研究。

人们已经认识到，研究人员、医疗人员与门外汉倾向于相信或是遵循描述精神分裂症的成因及治疗的不同方法。从本质上来说，这些方法可以分为强调遗传、生物化学或是大脑结构原因的生物模型，以及关注早期生活中的交流与惩罚问题的社会心理学模型。当然，行为遗传学与脑科学的发展已经增大了人们对利用生物学方法研究病因与疗法的兴趣。不同方法的流行程度时增时减，但在不同人群如何应对精神分裂症的问题上，它们仍然是可以识别的。

医学模式　在大多数情况下，精神分裂症患者被称为病人，被收治入院，获得诊断，给予预后，随后进行治疗。医学模式将在精神分裂症患者身上发现的心理失衡主要视作出现在脑部的物理与化学变化的结果。

目前，精神分裂症的起因尚不可知，但是过去半个世纪以来，现代研究人员运用各种脑成像技术对此进行了大量研究。双胞胎及收养研究使多数研究人员相信，遗传因素在其中发挥了作用。另一些研究人员则专注于脑生物化学。一些人假设精神分裂症患者存在或许是由病毒引起的大脑异常。这种方法表明，精神分裂症患者的行为是其疾病所表现出来的症状，除了可以作为粗略指征疾病严重程度的指标之外，不具备真正的解释价值。

疗法主要包括医疗程序，有时还需要借助外科手术，但主要还是使用神经安定药。人们认为精神病医院的功能是提供一种有利于护理和治愈患者的环境。医学模式表明，社会有权限制那些也许会造成临时危险的精神分裂症患者，但是社会也有责任同情精神分裂症患者。

道德行为模式　人们认为精神分裂症患者是因其过去付诸了“罪恶”或是有问题的行为才遭受了痛苦。据此，可以在参考其他类似行为或是不当的学习经历的过程中找到精神分裂症的病因学原理。

从这个角度来看，所有精神分裂症患者的行为都是表面现象。许多精神分裂症患者的行为违反了道德或法律原则，而这是理解及治愈疾病的关键。

到目前为止，治疗是道德行为模式中最重要的方面。现在，发达国家很少实施治疗了。不管患者的行为是否被视作罪恶、不负责任、只是适应不良或是存在社交偏差，至关重要的是改变这种行为，使其能为社会所接受。所使用的方法从简单的道德劝诫到复杂的行为技术，如代币法，言语行为控制及社交技能培训，各不相同。

医院应是矫正机构而不是监狱，送到这里的病人只是违反了社会规则而不是法律。氛围可能是促进行为改变的一个整体性制度（可以将《飞越疯人院》中出现的场景作为范例）。根据这一模式，社会有权实施监禁这类制裁，并有义务为处理越轨行为提供场所。

精神分析模式　精神分裂症的精神分析模式与其他模式不同，因为它是解释性的，把病人看作能够采取有意义行动的主体。精神分裂症的精神分析概念关注的是患者的意图、动机和原因，而不是精神分裂症患者受到各种力量（生物的与环境的）的影响，从而导致他们以某种方式行事。

该模式表明，造成精神分裂症的主要原因是不寻常的或创伤性的早期经历，或者是未能跨越情绪发展过程中的一些关键阶段。精神分裂症患者的行为需要被象征性地解释；治疗师的任务就是对其进行解码。这种解释性的方法为患者的行为赋予了意义。由一位训练有素的精神分析学家给予一对一的长期治疗，是该模式所提供的主要治疗方法。

如果精神分裂症患者在医院就诊，医院可以通过让他们与精神治疗师进行最大限度的接触来加快康复进度，同时这也可以让精神分裂症患者远离诱发其病因的环境。

有人主张，精神分裂症患者有权免于接受针对其行为的道德审判，并且获得人们的同情，但是他们有义务与分析师合作。此外，根据这种模式，社会有义务提供应对精神分裂症的服务，并对患者表示同情。

社会模式　精神病学中的所有社会模式都存在一个根本前提，即作为精神障碍的原因或沉淀剂，社会力量更广泛的影响要比其他影响更为重要。心理疾病在一定程度上被视作“病态”社会的一种症状，其他症状则包括高离婚率、工作压力、少年犯罪率，以及吸毒人数上升等。现代世界的压力更多地落在了穷人和弱势群体的身上，因此他们似乎更多地受到了所谓“疾病”的影响。

精神分裂症患者的行为是更广泛的社会问题的症状。在社会模式中不存在个体化治疗，相反，所需要的是大规模的社会变革，以减少个人压力，从而减少心理疾病的发生率。社会模式将医院视作穷人和其他无法在外部世界生活的人的“垃圾场”（作者个人观点）。这在一些医院的做法中得到了体现，这些医院的定位似乎以提供栖身之地为主，而非进行治疗。社会必须发生改变，以减轻人们肩上的压力，从而为心理疾病提供治疗。

阴谋模式　阴谋论也许是精神分裂症的概念模型中最为激进的一种，因为它否认心理疾病（作为一种身体疾病）的存在，并且站在了医学模式的直接对立面。

既然不存在身体疾病，就没有身体上的原因。心理疾病不是人们具有的东西，而是人们做出的举动或是性格。根据这种模式，精神病的诊断就是简单地为那些行为冒犯或惹恼了他人的人贴上标签，并用于控制反常、激进或是一些有害的活动。

精神分裂症患者的行为是别人对待他的方式所造成的直接结果。阴谋模式拒绝进行任何通常意义上的治疗。如果想要妥善对待精神分裂症患者，我们就必须尊重他们（在法律允许的范围内）自主行事的权利。如果患者个人寻求帮助，那么就应该向其提供帮助，但是不应进行任何胁迫。

精神变态

你认为你有可能会在今天偶遇一位精神变态者吗？你见过他们吗？你怎么知道对方是精神变态者？你想到希区柯克的电影《惊魂记》中的杀手与沐浴的场景了吗？

我们中间存在着大量有关精神变态者的令人着迷、欲罢不能的文学作品。电影将精神变态者塑造成了疯狂的巨斧杀手或连环杀手，但他们同时也是罪犯与雇佣兵。

与所有的精神疾病一样，关于精神变态的定义和术语也存在着讨论与争辩。巴比亚克与海尔（2006）阐明了两个重叠术语之间的区别。

精神变态是由人格特质与行为进行描述的人格障碍。精神变态者没有良知、同情心与内疚感，除了他们自己，他们不忠于任何人。社会病态并不是一种正式的精神疾病。它指的是被社会整体认为是违反社会法则，以及犯罪的态度与行为模式，但是在他们成长的亚文化或社会环境中，这些却被视作正常或必需的。社会病态者也许具有较好的良知，以及正常的同情心、内疚感与忠诚度，但是他们的是非观却是以他们的亚文化或所在团体的规范与期望为准绳的。可以将许多罪犯归为社会病态者的范畴。

精神变态存在两个维度。第一个是社会情绪的维度，精神变态者都很肤浅，缺乏同情心、内疚感或是懊悔感。他们还惯于欺骗，善于操纵人心，同时具有自私自利、夸张的倾向。

第二个维度是与无聊易感性、冲动性及缺乏自制力相关的社会偏差。这在儿童的身上表现为行为问题，而在成年人的身上则是反社会行为。由此发展出一张清单。

巴比亚克与海尔（2006）简明地总结了这个问题。

精神变态的特征是先天还是后天的产物？与大多数其他与人性有关的事物一样，答案是两者都有涉及。一个更好的问题是："先天和后天在多大程度上影响了那些定义了精神变态的特征和行为的发展？"当我们将行为遗传学应用到人格特质与行为倾向的研究中之后，这个问题的答案就变得越来越清晰了。

海尔（1999）在一部与白领精神变态者相关的书籍里的一章中指出，许多人都是兜售信任的人，他们通过魅力与厚颜无耻获得信任，并在随后极其无情地背叛了他人的信任。他记录了这些人是如何成为出色的骗子，以及是如何经常以弱势群体为目标的这一过程。他将他们称作亚犯罪精神变态者，他们可以以学者、医生、警官或是作家的身份而扶摇直上。他们违反规则、惯例与道德标准，往往触碰法律的边界。海尔还详细描述了被其称为企业精神变态者的案例。他指出，野心勃勃的精神变态者永远不缺机会。这有利可图。"他们花言巧语，富有魅力，自信满满，在社会环境中泰然自若，面对压力沉着冷静，不会因为有可能会被揭穿而惴惴不安，完全残酷无情。"

巴比亚克与海尔（2006）认为，我们大多数人每天都会与一位精神变态者互动。然而，他们所掌握的技能与功夫却使你难以察觉。通常，他们迷人可爱、能够控制情绪、掌握社交技巧。他们往往具备高超的表达技巧，在印象动机上如同变色龙一般表现出色。

未收治入院的精神变态者被描述为不顾后果、咄咄逼人、冲动且不负责任。他们具有精神变态者的基本人格特征，但是似乎抑制了严重的反社会行为。研究人员将许多西方政客和商界领袖视为非犯罪精神变态者。他们阳奉阴违，却又没有越过法律的边界。他们表现出了许多不端行为，却似乎没有被捉住。他们似乎在战术印象管理方面表现出色，向往动荡、混乱、瞬息万变的情况，在这种情况下他们可以更加容易地运作。成功地未遭到监禁的精神变态者似乎具有可以缓冲其犯罪行为的补偿性因素，如更高的社会阶层与智力水平。在这个意义上，较之遭殃的几乎无特权、无能力的精神变态者，成功的精神变态者拥有更广泛的应对机制。

精神变态者或反社会者这些术语用于描述反社会的人格类型，其行为表现是不辨是非或是反社会、冲动、不懂悔悟与无羞耻感。精神变态一度被称作“道德精神错乱”，在地位较低的社会经济群体中更为常见。

精神变态人格的人格类型测试清晰地显示了相关的行为：

- 冲动、不合常规（鲁莽、叛逆、不走寻常路）。
- 责备外化（指责别人、为自己的过错寻找借口）。
- 马基雅弗利式以自我为中心（在人际交往的过程中表现得咄咄逼人、以自我为中心）。
- 不负责任、毫无计划性（过度以现在为导向，缺乏事先的筹划或规划）。
- 抗压（焦虑程度最低）。
- 无畏（愿意承担风险、不关心潜在的有害后果）。
- 普遍冷漠（无情、对别人的不幸无动于衷、缺乏想象力）。

这些似乎包含了两个维度，一个与高度的负面情绪有关，而另一个则与较低的行为约束有关。本宁、帕特里克、布劳尼根、希克斯，以及亚科诺（2005）通过进一步的研究思考了精神变态者身上两个独特的方面：无畏的主导地位（油腔滑调、好大喜功、虚伪欺诈、低应力）及冲动的反社会性（咄咄逼人、反社会、低控制）。这表明可以将精神变态群体划分为两个群体。

反社会（精神变态）管理者会表现出对于他人权利持续的、公然的无视与侵犯。他们往往拥有执拗、过失、危险的过往。他们无法遵守多数社会规范，并且常常因为撒谎、盗窃与行骗而触犯法律（如果他们不够聪明或是无法享受特权）。他们总是满口谎言，这一点可以通过他们反复使用化名、为了一己私利或是一时的欢愉而欺骗他人来体现。简而言之，他们可以是令人讨厌、咄咄逼人的行骗高手——这类人往往会成为商业犯罪项目中所提及的类型。同时，他们也极其任性，不会未雨绸缪。他们活在当下，也只为眼前的利益而活。他们易怒、咄咄逼人，这一点可以从他们不断进行斗殴或攻击中得到体现。对于他们自身及他人的人身与心理安全——或是商业整体而言——他们惊人地表现出了不计后果的漠视。在一个重视冒险的环境中，他们显然如鱼得水。他们因为一贯不负责任而臭名昭著，屡屡无法维持持续一致的工作表现或是履行财务义务是他们的标志。最令人沮丧的是，他们毫无悔意。对于伤害、虐待他人或是窃取物品的行为，他们全然无所谓或是巧妙地为这些行为寻找理由。他们从不会吸取教训。似乎为他们贴上反社会的标签也是完全低估了他们。

奥尔德姆与莫里斯（1991）将这类人称为“冒险派”。他们用这样的术语来描述这类精神变态者，这样一来，非专业人士便能够更容易地发现他们。

下列 11 项特质与行为是发现冒险派类型的线索。较之人格特征中此类特征不明显的人，显示出强烈冒险倾向的人更剧烈地表现出了这些行为。

1. 不合规范：拥有冒险人格的人只会按照自己内心的价值规范行事。他们不会受到他人或是社会规范的强烈影响。

2. 挑战：活着就是为了挑战。冒险派喜欢冒险带来的快感，并且经常参与高风险的活动。

3. 相互独立：他们不会过分担心他人，因为他们认为所有人都应为自己负责。

4. 有说服力：他们伶牙俐齿，在结交朋友、影响他人方面颇具天赋。

5. 对于性津津乐道：他们性欲很强，喜欢与不同的人享受众多不同的性体验。

6. 旅行癖：他们不喜欢停下脚步。他们之所以会在某地安顿下来，仅仅是为了享受整理行装去探险、启程继续前行的冲动。

7. 自由职业：冒险派会避开朝九晚五的工作。他们宁愿追求独立、自由的生活，不担心找不到工作，愿凭借自己的天赋、技能、创造力与智慧享受好生活。

8. 慷慨解囊：他们花钱大手大脚，相信千金散尽还复来。

9. 纵情生活：具有冒险人格的人在童年与青少年时期通常都是斗志高昂、喜欢胡闹与恶作剧的人。

10. 真实的勇气：他们颇有胆识，体格结实强壮。他们敢于对抗那些胆敢利用他们的人。

11. 无怨无悔：冒险派活在当下。他们不会因为过去而感到内疚，也不会为前途忧心忡忡。对他们来说，生活意味着体验此刻。

霍根与霍根（2001）将反社会者称作“淘气派”。他们指出，这类人期望别人能够喜欢他们、认为他们十分迷人，并且希望能够相对轻松地从他人那里获得青睐、承诺、资金及其他资源。然而，他们认为他人存在的价值仅仅是为了被人利用，因此很难遵守承诺，不关心社会、道德与经济前景。他们极为自信，甚至到了感觉自己无懈可击的地步，并且认为自己有胆量、沉着冷静，有吸引力，甚至魅力不可阻挡。在需要大胆冒险的行业中，他们似乎是高级管理职位非常理想的人选。

巴比亚克与海尔（2006）认为，事实上，精神变态者会被吸引到当今的商业环境之中。他们设计了一份调查问卷来帮助人们发现藏身于工作场所中的精神变态者。按照他们的观点，这个问题可以用10项标记来显示。取得成功的行业精神变态者具有如下特征：

1. 表现得精明、优雅、迷人。
2. 将他自己转化成多数谈话所讨论的中心话题。
3. 抹黑、贬低他人，以此树立自己的形象与声誉。
4. 一本正经地向同事、客户或商业伙伴撒谎。
5. 认为不如自己聪明或是被自己操纵的人十分愚蠢。

6. 投机取巧；讨厌失败，会不惜一切代价获取胜利。

7. 表现出冷漠、精于算计。

8. 行事不道德或不诚实。

9. 在公司内创建了强大的人际网并以此谋取私利。

10. 不会因为自己的决定对公司、股东和其他员工产生了负面影响而感到后悔。

精神变态者很容易看起来像是理想的领导者：精明、优雅、迷人。他们可以轻易隐藏起自己阴暗的一面——恃强凌弱、不辨是非、操纵人心。在今天，他们日益将兴趣投向了快节奏的、精彩的、迷人的商界。

取得成功的行业精神变态者的数量很难估计。有时同样难以解释为何他们可以逍遥法外如此之久。然而，当你询问与成功的精神变态者现在一起工作或曾经共同工作过的人时，无疑就会了解到他们对职场造成了巨大的破坏。

6.4 你有多优秀

你能发现精神病患者吗？你知道如何建议他们寻求帮助吗？焦尔姆（2000）提出了心理健康素养（MHL）这一术语，并将其定义为可以帮助人们识别、管理或预防精神障碍的知识与信念。它包括能够识别一种精神疾病或相关心理疾病的症状，以及掌握与求助行为有关的知识与信念。

下面有 6 个人。你认为他们存在哪些问题？

案例 1：南希今年 24 岁。最近，她在起床这个问题上遇到了麻烦。几天前，她在餐桌上泪流满面，不得不离席。这并未给她带来困扰，因为她并不饿。她认为自己的前途一片惨淡，觉得自己永远不会被任何一家临床心理学研究生院录取，而且再也无法找到真爱。

案例 2：约翰今年 30 岁。过去几周以来，他一直感到异常悲伤与凄惨。即便时常感觉疲惫，他依旧几乎整晚都无法入眠。约翰食欲不振、日渐消瘦。他无法集中精力工作，推迟作出决定。即使是日常工作也无法胜任。他的老板已经注意到了这个问题，十分关注他下滑的生产效率。

案例 3：34 岁的简是一位白人银行高管，属于中产阶级。在过去的几周里，她每天都在熬夜。她通常会唤醒她的丈夫，与他谈论她心中创建一个国际银行卡特尔的“革新”理念。她充满活力，谈论自己的很多想法时语速很快。

案例 4：24 岁的格雷格与父母同住。毕业后他打过几份零工，但是现在在家待业。过去六个月，他不再与朋友见面，并且开始将自己锁在卧室里，拒绝与家人共同用餐，也拒绝洗澡。他的父母在上床睡觉之后可以听见他在卧室中来回踱步。虽然明知房间里只有他一人，但是两人都听见他在屋内大声喊叫、争吵，仿佛屋内还有别人一般。当他们试图鼓励他做更多的事情时，他低声说自己不会离开家，因为邻居在暗中监视他。他们意识到他并未吸毒，因为他从未接触过任何人或是去过任何地方。

案例 5：伊莱恩 26 岁。过去两周以来，她一直情绪低落。每天早晨醒来时，她都感觉平淡、心情沉重，这种感觉往往会持续一整天。她无法像往常一样享受事物。事实上，没有任何事可以给她带来快乐。即使有好事发生，也似乎无法令伊莱恩感到高兴。她尽力撑过每一天，但是日子过得的确十分艰难，即便是最简单的任务，她也难以完成。她发现自己无法集中精力。她缺乏活力，精疲力竭。尽管伊莱恩感觉疲惫，但是她依旧无法在夜幕降临之后入睡。她感觉自己毫无价值，沮丧失意。伊莱恩的家人已经注意到，在过去的一个月中，她表现异常，与他们渐行渐远。她只是不太想说话。

> 案例6：20岁的彼得许多时候都在独处。当家人试图与他说话时，他总是无法做出正确回应。例如，他会在听见坏消息之后露出笑容。有时，他言语混乱，他的家人甚至听见他独自一人在房间内自言自语。有时他会一连几个小时纹丝不动，即使他并没有睡着。有时他也会出现幻听与妄想。

你是否发现案例1、案例2和案例5都表现出了抑郁的症状？其他三个则都出现了精神分裂症的症状。现在来试试分析下列案例。

> 45岁的刘易斯已婚，是一位律师。他是该公司历史上最年轻的全职合伙人，也是众所周知进取心最强的员工之一。他太过骄傲，从不拒绝任何新案件，而且过于追求完美，对于助手完成的工作完全不满意。他对他们的写作风格与句型结构并不满意，他发现自己需要不断地修改他们的工作简报，因此无法按时完成任务。任务备份之后，他无法决定应该首先着手解决哪个问题。他开始为自己和员工制订计划，但是随后却无法完成这些计划，于是不得不每天工作15个小时。刘易斯似乎永远也无法获得放松。即使在度假的时候，他也会为每位家庭成员精心制定活动时刻表，如果他们拒绝遵照计划，他就会生气，变得不耐烦。他的妻子对这段婚姻感到厌烦，再也无法忍受刘易斯冷漠的情感、刻板的要求与漫长的工作时间。

你觉得刘易斯的主要问题是什么呢？

- 你觉得刘易斯的情况会有多痛苦？ 完全不认同 1 2 3 4 5 6 7 极其认同
- 你有多同情与刘易斯具有相同问题的人？ 完全不认同 1 2 3 4 5 6 7 极其认同
- 总体而言，你认为刘易斯有多幸福？ 完全不认同 1 2 3 4 5 6 7 极其认同
- 总体而言，他的工作有多成功？ 完全不认同 1 2 3 4 5 6 7 极其认同
- 总体而言，你认为刘易斯的人际关系令人满意吗？ 完全不认同 1 2 3 4 5 6 7 极其认同

你是否发现刘易斯患有强迫症（OCD）？

这里是另一则病例。

德里克今年 27 岁。当他与妻子驱车前往某家电脑卖场时，他感到头晕目眩。当他察觉到这种感觉时，身体开始迅速、大量地出汗，心跳加快，他感到阵阵潮热，浑身颤抖不已，仿佛整个人已经脱离了身体。由于担心会撞车，他在路边停下了车子。10 分钟后，德里克感觉好多了，但是他现在害怕这种情况会再次发生，所以拒绝再次长途驾驶。

你是否认为德里克存在任何意义上的心理问题？如果是，那是何种问题？

- 你认为德里克应该为此寻求专业帮助吗？　　是……否……无法确定
- 你认为德里克的整体幸福度有多高？　　非常 8 7 6 5 4 3 2 1 完全不
- 你认为德里克在工作中有多成功？　　非常 8 7 6 5 4 3 2 1 完全不
- 他的人际关系有多好？　　非常 8 7 6 5 4 3 2 1 完全不

德里克患有恐慌症。

来一个简单的？

19 岁的西莉亚在麦当劳工作时突然回家，尖叫着说自己就要死了。站在柜台旁时，她经历了一生中最糟糕的感受。她的心脏开始像手持式凿岩机一般怦怦直跳，恐慌与恐惧感占据了她的内心，她感觉脚下的大地正在塌陷，她深信自己得了中风或是心脏病发作了。接下来的两周里，她一直卧床不起，寸步不离家门。

你认为西莉亚存在任何意义上的心理问题吗？如果是，是什么？

西莉亚患有广场恐惧症。

也许这些案件会使精神障碍的诊断显得十分简单。尽管对于诊断工具存在争议，但是精神病医生必须在观察与解释中遵守精神障碍诊断和统计手册

（DSM）或国际疾病分类（ICD）等手册的规定。在精神病医生确定人们是否存在心理问题、这些问题是什么之前，疑似病例必须首先满足许多条件。

罗森汉（1973）的研究表明，在人们对精神病学更有信心之前，必须大幅提高诊断工具的有效性及临床医生之间的外在信度。尽管如此，许多人依旧认为，与犯下第二类错误——未能诊断出某人精神失常——比起来，犯下第一类错误——将正常人送进精神病医院——是两害中的较轻者。

6.5 结论

很多人认为，理解心理疾病的原因、发展与疗法是心理学的核心内容。该领域一直就是既重要又有争议的区域。

精神病理学研究的是如何理解变态行为。变态可以用很多方法来定义，例如统计学、文化与临床角度。然而，对变态进行定义就暗示着需要将正常与变态区分开来，这就向精神病医生提出了准确诊断出精神疾病患者的挑战。始于 20 世纪 60 年代的反传统精神病学运动对将个体归于病态的必要性和诊断工具的可靠性提出了质疑，因为过去的研究显示，精神病医生和临床医生无法可靠地在不理智的环境中区分出理智的人。

/ 第 7 章 /

心理学与工作

7.1 引言

数学可以分为纯数学与应用数学，心理学同样可以分为纯心理学与应用心理学。愤世嫉俗者指出，纯粹的反义词是“不纯粹”，而应用的反义词则是“不适用”。本质上来说，两者之间的差异并不明显，一些心理学家愉快地在两者之间游走。

“纯粹的”心理学家可能会为了自己而不是为了改善他人的生活而调查问题。他们可能会沉迷于“蓝天”研究，或者对于乍看起来似乎没有应用价值的问题感兴趣。然而，如同许多硬科学与生物科学已经发现的那样，通常纯粹的研究可以揭示具有即时价值的重要事实。然而，一些心理学家认为，一些最好的纯粹研究源于纯粹的问题。因此，试图了解导致空难的原因或是患者的不依从性（现称为配合度）也许会激发对所涉及过程的深刻见解。在这个意义上，是通过理解应用问题来获取纯粹的心理学知识（见图 7.1）。

哈特利和布兰斯威特（2000）指出，应用心理学家倾向于扮演不同的角色。

- 心理咨询师：技能包括“帮助人们公开表达自己的感受和想法，引发他们的反应与回应，帮助他们更加深入、全面地探索自己的问题，提高从不同的角度审视自己所关心的问题的能力”。
- 同事：作为一个跨学科团队的成员，提供“超越其知识、专长和特定技术水平的特殊视角和方法”。
- 专家：针对高度具体化的问题，做拥有特定概念、理论与实践经验的顾问。专家“为工厂、学校、图书馆、医院、监狱与交通等社会系统中可能会遇到的一些问题和困难提供不同的见解”。

- 工具制作者：调查问卷、培训课程、学习辅助工具、计算机程序等技术、流程和程序的开发人员。
- 独立调查员：试图通过控制观察和实验来开发和测试理论的科学家。

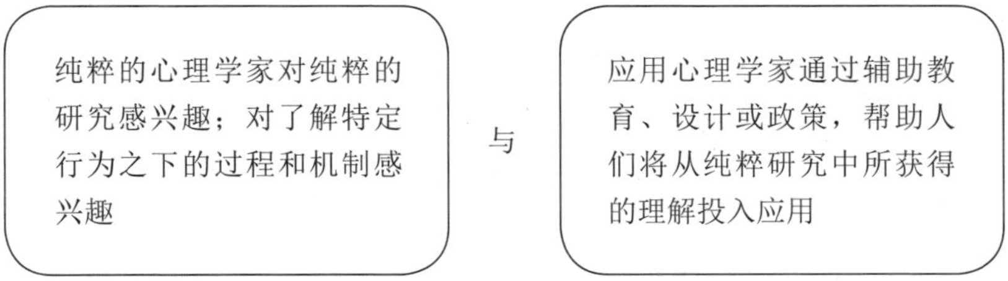

图7.1　纯心理学与应用心理学

- 理论家：为观察到的行为之下的机制和过程构建理论。“理论在实验室的研究与‘真实’的世界之间建立起了联系。理论是将人为情况下的研究结果应用于实际问题的手段。”
- 促变者：旨在改变并有望改善个人、机构和整个社会的社会工程进程的设计师。

哈特利与布兰斯威特（2000）指出，专业培训的主要领域涉及临床心理学、教育（学校）心理学、职业（工作）心理学、政府和公务员及社区、消费者、咨询、环境、司法、健康、体育和研究等专业领域的心理学。

7.2
管理与常识

有工作的成年人一天之中约有 1/3 的时间（24 小时中的 8 小时）要花在工作上。工作在我们的生活中至关重要，因此心理学家对此极为感兴趣。

组织与职业心理学家对于与工作相关的行为极其感兴趣。他们自己在 20 世纪的大部分时间里，寻找可以预测工作效率与工人满意度的因素并在两者之间建立起联系，这一直是他们所研究的内容之一。他们提出了很多不同的问题。巴伦（1986）列出了一张典型的清单：

- 是否真正存在无须领导的条件呢？
- 女性管理者是否在某些重要方面与男性管理者存在不同？抑或是这种差异的存在本就是一种误区？
- 个体如何学习在公司中“正确”的行为方式？（也就是说，他们如何融入其中？）
- 在评估员工的绩效方面存在哪些偏见？
- 小道消息及来自其他非正式渠道的信息是否准确？
- 员工培训的最佳技巧是什么？
- 可以采取何种策略将具有破坏性的组织冲突转化为更具建设性的冲突？
- 个人（或团体）如何在组织内获得权力和影响力？
- 什么情况导致人们产生了职业倦怠？怎样预防这种反应的出现？
- 如何克服组织内的变革阻力？
- 新技术将会如何影响组织的结构和有效性？
- 美国企业可以采取什么步骤来与日本同行开展更有效的竞争？
- 什么因素会导致人们对自己的工作感到满意或不满意？
- 个体或委员会更为擅长做出复杂的决定吗？

所谓的管理科学学科在商学院中的地位普遍偏低，其中部分原因在于与数字打交道的冷静的人们（会计师、精算师、经济学家）鄙视那些围绕组织行为进行的含糊其词的胡扯。管理科学被认为是描述或证明已知信息的一项微不足道、昂贵却又无意义的练习。它的所有发现都很直观并在意料之内，且缺乏新的信息；更糟糕的是，它充斥着深奥的兼具英美特征的术语，打着澄清常识的幌子搅乱了常识。

然而，有关常识的论点存在严重的问题。首先，常识往往自相矛盾。其次，如果所有的管理都是常识，就没有什么会违反直觉或是错误推理的结果。科学研究中满是此类例子，如果管理科学中的一些方面完全相同，这并不奇怪；也就是说有违常识。

可以说，现有的管理知识实际上吸收自管理科学，因为它经常在报纸和杂志上得到普及。因此，讽刺的是，常识可能是在大众媒体上被评论的管理科学思想的结果。管理者无法对研究中经常讨论的发现视而不见，就像是你在反复听到同一则笑话之后，也只能觉得它好笑一样。

如果所有的管理都是常识，而多数人都具有好奇的特质，那么为什么在管理、流程和程序的问题上还存在着如此多的分歧呢？

当管理人员试图点明公司中具有鸿鹄之志的人必须具备的至关重要的能力时，许多人都倾向于将常识包含在内，尽管几乎不可能对此做出定义、测量和选择。事实上，这也许就像寻找圣杯一样——过程漫长、复杂，并且不会成功。

为何不对自己进行测试呢？下列陈述是真是假？请做出相应的判断，看看你在管理中的常识因素方面能够获得多少分。

你有多优秀？

1. 在多数情况下，一旦做出决定，领导者就应坚持自己的决定，即使出现了错误也是如此。

2. 如果在团结协作中意识到自己的贡献无法体现时，人们就会比自己独立完成此项任务时投入更少的精力。

3. 即使是经验丰富的面试官，有时也无法避免受到申请人资质以外的其他因素的影响。

4. 多数管理人员在监督下属时采取了高度民主的方式。

5. 大多数政府工作人员都不太愿意冒风险。

6. 阻止工作中恶意谣言传播的最好办法就是摆出可以澄清事实的证据。

7. 如果组织中员工的士气或满足感得到提升，整体绩效几乎总能提高。

8. 为员工制定具体的目标通常会妨碍他们的表现：他们拒绝由别人决定他们自己要做的事情。

9. 在大多数组织中，为了有限资源所展开的斗争较之诸如人际关系等其他因素，是更重要的冲突因素。

10. 在谈判中，最大限度地保持长期收益的最佳策略是击败对手。

11. 一般而言，集体可以比个人做出更准确、更不极端的决策。

12. 大多数人在高压下工作表现最佳。

13. 吸烟者请病假的天数多于不吸烟者。

14. 如果不得不谴责工作人员的不端行为，最好是在错误发生之后立刻进行。

15. 凝聚力强的团队工作效率也高。

答案：1 ~ 5 为真；6 ~ 2 为假；13 ~ 14 为真；15 为假。

如果你的得分在 5 分以下，何不试试提前退休呢？如果得分在 6 ~ 10 分，你应该考虑攻读 MBA。如果得分在 11 分以上——没错，你确实拥有所有品质中最难以捉摸的：常识。

爱因斯坦将常识定义为人们在 18 岁以后形成的偏见的集合。而维克多·雨果则认为常识并非教育之后的产物，而是无视教育的所得。在管理学的世界中，常识也许是一件可取的事情，但是不要欺骗你自己，认为这很常见。也许在仔细阅读完本书的其余章节之后，得分较低者可以掌握更多“非常识性”的知识。

再试一次！为什么不进行一项小测验来确定你潜在的管理能力呢？试试简单的正误判断来确定你的能力。许多人相信简单的管理学格言。相当多的英国管理者认为，几乎对于所有员工而言，金钱都是工作中最重要的激励因素。他们还认为，与证据相反，幸福的员工生产效率高，伟大的领导人生来便具有“正确的”人格。

教育也许不是解决所有管理弊病的灵丹妙药。对于那些缺乏基本能力的人来说，它也许毫无帮助。然而，它至少可以阻止人们在如何充分发挥员工潜力这一问题上，仍然抱有简单、天真、不切实际，甚至是错误的观点。

你具备管理能力吗

1. 相对而言，只有较少的高管具有很强的竞争力、进取心与时间紧迫感。

2. 一般来说，女性管理者的自信心比男性高，并希望在职业生涯中取得更大的成功。

3. 阅读速度慢的读者比能够速读的读者可以记住更多所学的知识。

4. 若想改变人们对待新技术的行为，首先要改变他们的态度。

5. 积极性越高，就越能解决复杂的问题。

6. 若要保证培训之后出现的高质量的工作行为能够持续，最佳的方法就是在培训的过程中，每当出现正确的行为之后就进行奖励，而不是间歇地给予奖励。

7. 祖上来自德国（拥有德国祖先 / 拥有德国亲戚）的英语国家人士，比拥有法国祖先的人学习德语更为容易。

8. 优秀毕业生中排名居前 1/3 的人在进入职场之后，往往比普通学生能够赚到更多的钱。

9. 学完新知识之后，你在接下来的几小时内将会遗忘的信息会比未来几周内将会遗忘的信息更多。

10. 学业成绩不佳的人通常具有更为优秀的机械操作方面的能力。

11. 大多数业绩优秀的管理者往往喜欢追求高风险。

12. 如果在工作中受到挫折，人们往往会变得咄咄逼人。

13. 成功的高管对权力的需求大过金钱。

14. 女性比男性更相信直觉。

15. 高效领导者关注员工胜过关注任务。

16. 官僚体系效率低下，它是糟糕的组织运行方式。

17. 令人不快的工作条件（拥挤、嘈杂、温度过高或过低）会大幅降低员工在许多任务中的绩效。

18. 与员工进行沟通往往会加强他们之间的合作。

19. 女性比男性更容易受到影响。

20. 由于员工不愿意别人告诉自己需要做些什么，因而为他们制定具体目标会妨碍他们的表现。

答案：1 为真；2 ~ 7 为假；8 ~ 9 为真；10 ~ 11 为假；12 为真；13 ~ 20 为假。

你的表现如何？

0 ~ 5 分：老天！你在行为科学方面极其幼稚。

6 ~ 10 分：恐怕你在学校里遭受了很多沉重的打击。

11 ~ 15 分：没错，经验可以为你提供助力。

16 ~ 20 分：你显然是生活这座管理学校中的老将。

7.3 作为商业顾问的心理学家

组织心理学家会提供哪方面的咨询服务？人力资源顾问（HRC）——组织心理学家为人力资源部门工作——往往研究五个方面的事项（Furnham & Gunter，1994）。下面将介绍这些方面。

诊断

人力资源顾问可以提供第二种意见。他们可以引入局外人的客观与公正的观点，以及之前曾经接触过类似问题的潜在经验。使用经验丰富、富有洞察力的人力资源顾问，一项主要的优点在于，他们可以指出机构在自我诊断或所提供的解决方案中存在的根本缺陷。机构愿意相信可能存在简便的解决方案；他们常常无法辨别大客户、顾客或是每天都能见面的员工所传递的显性与隐性消息。

例如，管理者们对于自己部门中承担工作量的员工人数有抱怨，也许与组织结构本身存在的问题及特定管理者的抱负有关，也有可能与员工的人数配备有关。同样，员工对工作环境的抱怨，也许更多地与办公室心理氛围的功能相关，这可能让他们觉得不舒服或是无法表达心声。

人力资源顾问会告诉你，诊断比解决更困难、更重要，因此，获得正确的诊断可以将费用控制在适度的范围之内。在这一点上，他们也许是对的。

测量

许多人事管理者并未在个人表现、能力、需求或个人偏好（如智力、人格、团队角色偏好）的衡量等方面接受过高水平的培训，在轻信却热心的心理驱使下，在同行的压力下，他们购买了华而不实却未必有效的测试产品，随后往往用于测量部门管理者的人格或团队角色偏好等事项。机构则更为频繁地测量他们更为看重的方面，而非实际需要的内容。在这方面，一位训练有素的人力资源顾问可以导入一系列功能强大、经过检验的测试。鉴于市场上已经发布超过 100 000 项的测试，优秀的人力资源顾问知道可以在哪里找到最为合适的测试产品及方法。

机构倾向于使用这些测试，原因仅仅是它们已经购买了题库。人力资源顾问不会将所有的精力花在测试董事、主管的人格类型上，而是会就企业文化（企业的价值观和规范）、企业氛围（员工的看法）、沟通网络、大客户、顾客或竞争对手的看法等方面提出明智的建议。针对企业存在的问题进行有组织的审计，就像是财务部门所进行的审计一样。测量工具（调查问卷、测试）需要具备如下特点：强大、可靠、有效、多维度、能够迅速甄别虚假信息，以及为适当的人群制定规范。当然，人力资源顾问不仅需要挑选和管理出色的测试工具，而且还应了解如何恰当地分析测试结果和解释数据。

人力资源顾问知道，许多人事管理者往往会避开客观的硬数据，而偏爱采用软性的面谈、报告或主要参与者的选择性引述。这可能是他们经常会被会计、战略规划甚至营销部门中脚踏实地的同事所鄙视的一个原因。然而，许多人力资源顾问都是经验丰富、训练有素的心理分析与组织测量学家，能够很好地衡量重要的组织变量。

教导

填鸭式的培训不仅会存在，而且将会永远占据一席之地。现在的教育产业更有可能运用个人电脑、令人印象深刻的视频、自我指导、完成手册及精心设计的反馈报告，教育产业中的业务运作依旧是一些人力资源顾问的核心任务。对于人力资源顾问来说，成人培训是一项具有挑战性的任务。企业内部有些人原本就非常聪明、接受过高等教育，也许对于外来顾问极其挑剔。

优秀的人力资源顾问很快意识到，培训成人与教育学生存在很大的不同。针对管理者的培训必须务实并融合许多令人记忆深刻的例子和实用的模型。尽管专业学者们都接受过训练，具有批判性精神，保持怀疑的态度，但是人力资源顾问教员很快意识到，如果他们对于这项事业怀有热忱，学员将会更加感激他们。人力资源顾问往往是自信的外向型性格的人，他们的自信心往往远超其能力。因此，他们很少担心自己在教学、培训或指导中所发挥的作用，尽管他们也许并没有那么出色。

显然，指导或教学是许多人力资源顾问所具有的一项关键职能。而且，对于许多人来说，唉，培训这一术语名声极差，人们认为培训师是顾问中级别相当低（付费也不高）的顾问，尤其是当讲师接受培训，提供成套课程时，情况尤为如此。

流程

一些人力资源顾问专门负责流程或解释工作。例如，如果某个管理团队表现不佳或士气低下，就可以请负责流程的人力资源顾问进行诊断，提供解决方案。这一程序的技能与群体心理治疗法类似，实际上，也许顾问最初接受的就是这一方面的培训。

正如多数事故都是人为错误所造成的那样，一个极其普遍的现象是，企业运转不畅是人类弱点所导致的结果。无论人们是否喜欢使用人格冲突之类毫无意义的委婉语言，许多人都认识到，办公室、团队和部门内部人际关系的质量与企业的成败息息相关。流程顾问希望能够揭示和明确的是士气、冲突和缺乏承诺等无形的心理因素。优秀的人力资源顾问及接受过心理治疗法培训的人员往往能够揭示出意料之外甚至是自相矛盾的调查结果，例如由于愤怒而导致员工出现抑郁。

对于一些人来说，流程顾问相当于最古怪的加州式的心理学傻瓜。他们会提出具有侵扰性的、愚笨的问题，主要目的就是令人感到尴尬。此外，他们甚至无法得出结论、撰写报告或是提供任何切实的结果。洞察本身往往是流程顾问口头上明确的目标。流程工作几乎总是由外部顾问来完成。人事部门也许会明智地做出需要引入顾问的判断，尽管这可能需要增加一笔开销。

系统

一些人力资源顾问是设计、运营或调整诸如绩效管理、选拔或员工发展之类系统的专家。这通常会需要开发相当复杂的、以计算机为基础的统计软件。此类人力资源顾问往往被视为铁石心肠的研究员。

由于编写软件和开发系统非常耗时，这些人力资源顾问往往会提供固定的软件包。软件包确实可以针对每家企业进行个性化定制，或是进行调整以适应每家企业的情况，但是这些修改的幅度通常都相当微小。从这个意义上说，人力资源顾问所销售的系统是由人事部门使用过的软件包。

出于两个原因，一些对电脑一窍不通、对数字心存恐惧的董事们极其容易相信人力资源顾问强行推销的系统。第一，他们也许无法明智地对该系统的有用性、局限性或适用性做出判断。第二，也许更重要的是，人事管理者急于表现出他们是紧跟时代、具有“科学素养”且见多识广的人，因此对大型但其实与内容无关的包装更易产生深刻印象。但是所有组织都需要高效的电脑辅助系统。一些人力资源顾问系统专家可以设计出能够在组织内应用多年的、极其适用的系统。

7.4 霍桑效应

有时，一项研究的成果也许在意义上具有开创性，因为它们对工作中的心理学在思想方面产生了至关重要的影响。霍桑研究就是该领域中最经常被提到的一项研究。

这项历时 9 年的研究始于 1924 年，由西方电气公司在伊利诺伊州西塞罗的霍桑工厂与美国国家科学院合作开展。该研究旨在确定可以产生最佳生产率的照明水平。然而，在第一次照明实验中，当照明增加时，员工的生产率也随之提高，但是在照明减少时，情况也未发生变化。总体结论是，生产率的升降与照明水平之间不存在明显直接的关系。这一结果令人困惑。

第二次照明实验引入了经历过照明变化的实验组，以及照明水平恒定的对照组。在这个实验中，两组的产量均提高到了几乎同等的水平。在第三次照明实验中，照明水平随着时间的延长而逐渐降低，结果显示，实验组和对照组的生产率水平都得到了提高（至少在照明水平降至一个极低的水平之前一直如此）。这些结果自然令当时的实验者感到困惑。

为了纠正照明研究中的一些控制问题，在 1927 年至 1932 年间分 13 个阶段，研究人员开展了接料装配检验室研究。实验从简单记录在正常条件下的产量演变为引入集体奖励机制、改变休息时长、减少工作周数、提供免费午餐等措施。在此期间，员工产量、士气和出勤率都有所提高。人们的第一反应是，从单调中解脱出来、改变监管风格，以及引入集体奖励机制成为了生产率提高的因素。而在此之前，所有受试者都在这样的工作条件下工作，以致团队的整体表现对个人几乎没有影响。在实验中，这一点发生了变化，通过实施集体奖励计划，个人收入与团队绩效密切相关起来。人们进行了更多的研究，以确定该计划究竟如何影响个人的表现。众多结果表明，无论研究人员做了什么——开灯，然后关灯；先让员工休息，然后取消——员工的生产率均显现出提升的态势。

研究人员日益意识到人类的态度与相关的行为因素的重要性。为了更多地了解这些现象，1928 年至 1930 年间，研究人员针对 21 000 多名员工广泛地进行了访谈。这些访谈开展了对工作、主管与工作条件的态度的调查。最后，在 1931 年至 1932 年，研究人员进行了配线盘观察室研究。在这一阶段，人们意识到了集体与非正式关系的重要性，将其视作个人对待变革的态度的决定因素。尽管实验的最初目的是寻找影响生产率的物理因素，但是研究人员最终认定心理因素更为重要。

这些研究的边际影响深远，对于研究人员和管理者而言，霍桑研究的价值在于它的发现与团队和组织设计中的个体有关。以下四个结论是显而易见的。

- *个体差异*。霍桑的研究强调，人与人之间存在个体差异，这些差异可能会对管理行为产生重大影响。访谈研究表明了态度的复杂性，以及公开的行为可能与态度之间存在怎样的不同。因此，一项新的工资激励或假期政策可能会被一个人完全接受，却被另一个人断然拒绝。个体差异具有系统性，可以进行调查，并可归入离散类型或连续特征。
- *集体*。霍桑研究的调查结果公布后，人们意识到了集体过程的重要性。在实验的各个阶段均显示出，组织没有指定的非正式集体显然会对个人产生很大的影响。集体压力可能导致个人增加或减少工作量、接受或抵制变革，并且以与其个人喜好不同的各种方式行事。此外，组织外部的集体可以直接反映出组织内部的行为。
- *集体中的个人*。正式的集体是应组织要求并由组织建立的，如生产和销售部门。员工同时也隶属于并非由企业结构所规定的非正式或社会团体。长期合作的建制集体可能会形成一个一起进餐或一同玩保龄球的社会团体。对新员工来说也是如此。这些团体在形成个人态度、影响工作行为方面会产生相当重要的影响。

- *组织设计*。对组织的正式设计进行研究的意义与将组织视为社会体系有关。尽管企业的结构看起来非常固定和正式，但是在现实生活中，存在着一种没有出现在图表上的“组织”。这个社会组织包括存在于所有结构中的一切社会群体与权力联盟，其中包括遍布组织中的友谊型群体与政治联盟。

正式和非正式群体，以及组织的想法是一个有趣且重要的想法，可以被视为人际关系学派的结论。今天人们谈论的*霍桑效应*就像是组织的安慰剂一般。它指的是，所发生的某些变化也许并不是物理变化（引入 IT、重新装修办公室、配置新的人员），而是人们受到的待遇发生了变化的结果。

人们因为许多同研究过程与分析结果相关的理由而批评从事霍桑研究的有关人员。他们关于人类的合作或社会性质的基本假设，以及通过环境变化来满足这些假设的能力的观点，都受到了挑战。反对者认为，满意的员工是生产效率高的员工，就如同我们认为满足的奶牛能够产出更多牛奶一样。

也许对于霍桑研究最严厉的批评，与其所运用的研究方法有关。大多数人际关系理论和实践，都是根据一些在工作场所选取小样本员工进行相对较少的观察而形成的。霍桑研究人员也许在没有提供明显的、合理的理由的情况下，将经济激励的影响予以最小化，而将监督和人际关系提到了最重要的地位。有些人认为，实际上，霍桑研究在科学上毫无价值。另一些人试图反驳这种批评，声称霍桑研究将金钱激励摆在了社会环境中的适当位置，因而贡献巨大。研究的捍卫者认为，研究人员并未否认经济激励的重要性，他们只不过是没有将其视作影响员工绩效的独立因素。

霍桑研究遭到的最多的批评包括如下几点。

- *他们缺乏科学有效性，偏向神秘主义*。人际关系作家往往很少花时间去收集支持他们观点所必需的数据。即便他们真的这样做了，所采用的也多半是一种非系统化的方式。因此，他们投射出一种神秘主义或“扶手椅哲学”的光环，在现代行为科学家的眼里，这一点难以接受。
- *他们过分强调群体，将重点放在了集体决策上*。人际关系著作所关注的对象几乎总是个体在群体中的关系，而非个体的行为过程。

- 他们认为冲突从根本上来说具有破坏性。他们很少关心冲突的积极影响，例如激励创新。协同一直就是一个目标。
- 他们极其狂热。倡导者坚持认为人际关系观念在解决组织问题时具有价值。事实证明，人际关系同结构性思维一样，是组织建立的一个信条，并支持管理在组织中的突出地位。
- 没有效果。有些人同意，事实上，针对结果的详细研究几乎无法提供证据，以证明其具有任何明显的效果！

针对人际关系视角的反对观点，大多是由对同样现象感兴趣的现代行为科学家发起的。行为科学家关心对人类行为进行系统分析，并为他们处理研究主体的客观性及坚守实验科学的传统方法而感到自豪。他们还将自己的研究视为具有跨学科的特征，并认为这样的研究通常是很难的，如果不是不可能的话，那就是要理解一个群体的社会学，这个群体与构成这个群体的个体的心理学及构成这个群体的文化的人类学是分离的。然而，针对科学素养的后续研究很少，科学素养对工作心理学产生了影响，如同霍桑研究的结论。

7.5 金钱、动力与幸福

除了心理变化可能会对生产率水平产生影响之外，在提到经济激励对工作绩效的影响时，仍然存在着非常大的争议。

> 金钱能够带来幸福吗？
> 金钱是职场中最佳的（唯一真正成功的）激励因素吗？
> 如果金钱无法带来幸福，那么什么能够带来幸福呢？

几乎人人都能在工作后领到薪水。但是在金钱与绩效的关联性方面，每家组织的差异很大。组织心理学家最感兴趣的问题就是金钱作为动力所具有的力量，它可以体现在几个方面。

- 计件。工人根据其生产的产品数量领取薪酬。只有当工人完成的是重复而单调的工作，且产品可以计数时，才能按照件数来判断。
- 集体计件。整个集体生产的产品数量成为计薪的依据，薪酬在集体之间进行分配。
- 混合超额奖金。底薪为保证性的每周工资，加上基于整个部门产出的奖金。
- 基准工作量。除了奖金取决于能否达到某些约定的速度或工作标准之外，与上一种类似。
- 绩效评定。不可能衡量管理者、办事员及其他人员完成的产品数量。相反，他们的奖金或激励要依据其他管理者所做的绩效评定。
- 每月超额奖金。管理者会根据其所在部门的生产率获得奖金。
- 分红制与合伙制。底薪为保证性的每周工资，加上根据公司的盈利状况分配给所有员工的年终奖或一年两次的奖金。
- 其他类型的奖金。可以为提出并采用的建议颁发奖金；也可以开展销售竞赛，为最佳销售人员、发展最多新客户人员颁发奖金；还可以颁发全勤奖等。
- 运用其他福利。可以向员工提供其他类型的回报，如家属的医疗保险或护理等。

一般认为，金钱是一种保障而不是激励因素。简言之，这意味着围绕金钱的一些问题，例如，认为自己获得的薪酬低于市场水平或是没有获得公正的回报是造成不满的主要原因。然而，金钱不是一种激励因素。获得恰当的回报并不会提高满意度或生产率——但是所获报酬过低肯定会引发不满。

研究人员认为，有足够的证据表明，随着时间的流逝，工作薪金、主观动力与可衡量的业绩之间并不存在有效的统计学关系。有人认为有以下四个方面的原因。

- 适应——虽然获得加薪、意外之财或彩票中奖之后大家都会感到快乐，但是人们很快就会适应，效果很快便会消失。

- 比较——在将自己与别人进行比较之后，人们会认为自己比较富有。然而，随着财富的增加，人们往往会进入更上层的圈子，在那里通常会有人比他们更加富裕。
- 替代物——正如经济学家所说，金钱的边际效用下降意味着，一旦金钱增多之后，其他的事物，如自由和真正的友谊便似乎变得更有价值。
- 担忧——收入增加往往会导致人们将注意力从金钱问题转移到生命中更不可控的因素上（例如，自我发展），这也许是因为金钱与对于个人命运的控制感有关。

即便绩效工资（PRP）的证据远不具备足够的说服力，此类体系设计的目的也简单明了：优秀的员工应该通过努力工作而感到满足，并且应该受到激励去继续努力工作，因为他们看到了工作表现和（绩效）奖励之间的关联。同样，表现不佳的员工应该受到激励，通过更加努力去获得一定的奖励，否则就应离职。

绩效工资体系的类型，取决于将什么样的人包含在内（到哪一级别）、如何衡量业绩（目标计数、主观评级或两者结合）、将采用何种奖励（金钱、股票等）等因素。绩效工资体系不成功是多种原因造成的。

首先，薪酬与绩效之间往往存在着很差的关联性。许多员工对于自身的业绩水平存在不切实际的想法，并将其转化为对于奖励的不切实际的期望。经常有这种情况，就是相对于基本工资，绩效工资所占的百分比过低。也就是说，如果该组织最初投入的资金过少，也许就无法区分优秀与不佳的绩效，从而会威胁到整个体系的信誉。

最常见的问题就在于，对于许多工作而言，成果缺乏客观的、可衡量的标准，这就需要大量使用，而且往往只能使用绩效评级。这便很容易受到系统性偏差的影响，从而使它们既不可靠，也不有效。

许多绩效工资计划都未能获得成功，是因为那些奖励的绩效指标与作为一个整体的组织的总体绩效目标——对于该组织而言最重要的绩效方面——无关。此外，组织必须确保员工能够改善他们的绩效。如果更高的薪酬是为了提高绩效，员工必须相信（并且有能力）要改善绩效。

总之，迈尔纳（1993）认为，只有满足五个条件才能确保任何类型的激励计划都能够起作用（见图 7.2）。

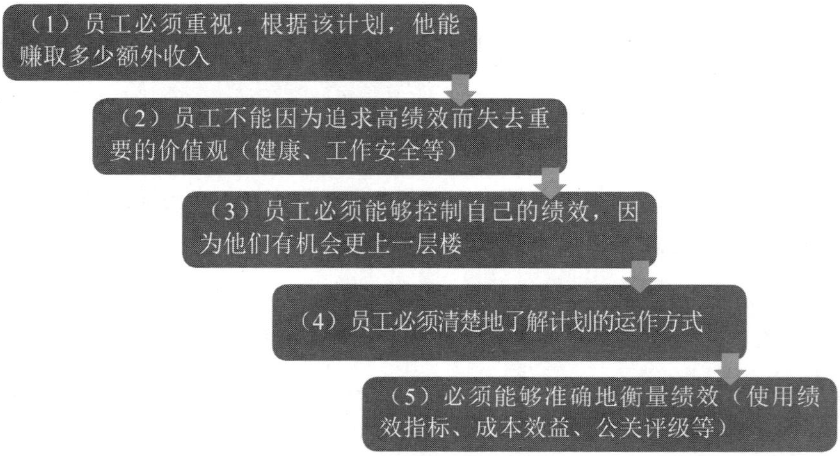

图7.2 激励计划起作用的条件

金钱很重要，但是职业保障、体贴的老板、合理的假期、可以管理的压力水平等因素也很重要。在人生的某些时候，人们准备好了并且能够用工作与家庭生活的质量来换取金钱。金钱作为贬仰者的力量也许相当强大，但作为激励者的力量依旧很弱。

金钱也仍然是鲜有人能够愉快讨论的一个话题。导致金钱依旧是禁忌话题的原因有很多。人们提出了各种理论来解释这一点。

- 富人主宰着礼节，他们回避自己拥有多少钱的话题，以免穷人知晓如何赚取金钱。也或许是因为一旦谈钱，亲戚朋友可能想要得到，或是产生嫉妒。
- 在谈论钱财一事上，人们很迷信，因为这意味着可能会因此失去财富。
- 炫耀财富会促使心存嫉妒的人向税务机关告密。
- 如果金钱与食物有关，避免讨论金钱可以减少饥饿、需求、贪婪与脆弱。
- 如果金钱在世人眼中如同粪土，避免谈论金钱就是回避羞愧感的一种方式。

- 在某些层面，我们知道我们的金钱观可以揭示出许多我们不愿公开的信息。

迈尔斯（2000）提出了一个老掉牙的问题：

> 有钱人会觉得更加幸福吗？

他在查阅了重要文献后得出结论：

> 极度贫困的人群往往幸福感更低。然而，一旦生活舒适，更多的金钱却会减少幸福感。

进一步的证据表明，富裕国家的经济增长无法提高士气和幸福感。信仰、友谊、归属感与人格因素显然更为重要。

7.6 工作压力

压力一词源于拉丁语 stringere（拉紧）。许多人都认为应该彻底摒弃这个使用过度、难以捉摸的术语。对于压力的定义五花八门。一些人认为，可以而且应该从主观上对压力加以界定（即我的感受），而另一些人则认为需要一种客观的定义（也许是实实在在地测量血压）。一些研究人员认为，全球性的定义才是恰当的（一个普遍存在的东西称为压力）；另有些人强调，压力是多方面的。究竟是应该按照造成压力的外界刺激，还是人们回应压力的方式来界定它呢？直到 18 世纪，压力一词在人们的谈话中都暗指困难、逆境或折磨

（特定类型的压力）。后来，物理学家用压力一词来描述施加在物体身上的作用力，由此产生的体积、形状与大小的变化被称为应变。

19世纪，追求与维持恒定的内部状态被视为自由、独立生活的本质。研究试图确定可以维持恒稳状态的适应性改变。实现平衡的动机被称为稳态（homeostasis），源自意为“相似”的希腊语homoios与意指“状态”的stasis。压力被视作对于稳态的一种威胁（船摇晃着），但是该术语的这种用法可能会发生变化，而且不够精确。

到了20世纪50年代中期，研究人员似乎选定了以反应为基础的定义，即由功能或破坏所造成的所有不具体的变化的总和。后来，这一定义被修改为身体对于向其所提出的任何需求所做出的不具体的响应，从而使定义变得更具包容性。

然而，该定义仍旧存在许多问题，大众媒体经常对这些问题进行讨论。许多令人胆寒的统计数据被援引，它们展示了压力导致的诸多精神与身体上的疾病，随后是对误工，以及经济成本造成的影响。在哪些工作最具（或最不具）压力，以及应该如何应对这些工作的问题上产生了争论。工作压力主要是人的作用还是工作的作用？也就是说，它的产生是因为有些人（神经过敏）容易感受到压力，而另一些人却坚韧、抗压吗？现在，大多数人似乎认为压力是工作环境强加在他们身上的，但是在早些时候，人们会认为这“有点神经”，暗指神经质。其他问题包括：是否有可能存在对人有益的适当的压力？是否应该向人们传授用以克服不可避免的工作压力的应对技巧？

理论与模型

很多模型或理论试图描述并解释压力。最简单的也许就是需求控制理论，它研究的是促使个人以特定方式行事的各种心理和生理需求，以及他们在付诸实现的过程中所具有的控制或决策自由度。高需求、低控制是最糟糕的情况。对此进行描述的另一种说法是挑战与支持。

在大多数管理工作中，领导既能获得支持，也会面临挑战。他们可以得到同僚、下属和上司的支持，这些人也同样激励他们更加努力工作并变得更加聪明睿智。因此，可以从支持与挑战这两方面来考虑一般管理者的境遇：

- 支持多、挑战小：承担这一角色的管理者幸运地获得了良好的技术与社会方面的支持，然而挑战不足这一事实也许意味着他们表现不佳。他们可能会因为无聊和单调而感到压力。
- 支持多、挑战大：这种组合往往能够最大限度地发挥管理者的才干，因为来自上级、下属、股东和客户的挑战可以使他们更加聪明地开展工作，同时又获得了成功所需的适当的支持。
- 支持少、挑战大：对于所有管理者而言，这种不幸但极其常见的情况是导致压力的主要原因，因为管理者需要面对持续努力工作的挑战，却只能获得最低限度的情感、信息（反馈）与物质（设备）方面的支持。
- 支持少、挑战小：一些官僚机构中的管理者过着毫无压力的平静生活，因为他们既无须面对挑战，也不需任何支持，这通常对他们及所在的组织来说无益。他们属于心不在焉的那一类员工。

三个组成部分

大多数与压力有关的模型和理论都探讨了造成压力的三项因素。第一，它们本质上是关于个人构成的东西，部分地说是他们的人格、能力与成长史。第二，环境特征，通常指向但不限于工作环境。第三，个体与环境如何感知、定义压力，但更重要的是如何处理应力、应变与压力。这里的观点涉及个体、环境与应对的因素，在综合考虑这些因素之后，可以确定个体与群体是否、何时及为何会感受到压力。

1. 个体　拥有类似的经验与资历、处于同一职位的两个人也许会体验到完全不同的压力水平。其中一人生病并缺席，而另一人则迎难而上。为什么会出现这种现象？

神经质与稳定性：焦虑多愁的人。带有消极情感的人，即集焦虑、烦躁、神经质与自我贬低于一体的人，往往生产力较低，对工作满意度不高，更容易旷工。神经过敏者往往对自己的错误、糗事与缺点无法释怀，一般更为关注世界中的消极方面。他们似乎更容易经受压力，而应对压力的能力很弱。

心理控制点：工具主义者与宿命论者。个体会对他们控制自己生活的能力产生普遍的期望。人们相信发生在他们生活中的事件是他们自身的行为和（或）能力与人格所造成的，据说这种努力具有内部控制的预期，而相信生活中的事件是运气、机会、命运、上天、权势或超越掌控力的力量、领悟或操纵的结果的人，都被认为对外部控制具有预期。具有内部控制源的管理者往往认为带有威胁性的事件所造成的压力较小，而且他们会比具有外部控制源的管理者能够更好地应对压力。

A 型行为：好胜、疯狂的管理者。A 型模式的特征是具有过度的竞争驱动力，以及强烈的时间紧迫感。这种行为模式是多维的，由多种成分构成，如想要实现愿望的强烈且持续的雄心、想要完成目标的渴望、想要获得认可的持久动力、始终参与定有截止日期的活动、习惯性地倾向于提高心理和生理机能，以及时刻保持警觉。大量的研究已经确定了与这些症状相关的其他特征。

2. 工作或组织　有些工作需要承担更大的压力。但是为什么会出现这种状况呢？为何某些工作能够导致全体员工高度紧张，而另一些却不会呢？

- 工作内在的职业要求。有些工作就是比其他工作更具压力。各类研究表明，与特定工作相关的某些特征彰显着压力。例如，如果一份工作需要在更大程度上（a）做出决策、（b）持续监测机器或材料、（c）与他人反复交换信息、（d）造成令人不适的身体状况，以及（e）完成松散而非结构化的任务，这份工作往往就更具压力。
- 角色冲突：压力源于冲突的需求。对于许多工作中的人来说，会角色变戏法——迅速转换角色与行为类型（从老板变身为朋友、从教师转化为合伙人、从执法者转变为倾听告解的神父）——十分重要。这在全职妈妈和人力资源主管角色的工作中很常见。在以友好和富于社会支持为特征的工作环境中，角色冲突的不利影响不如在缺乏此类特征的环境中明显。

- *角色模糊：不确定性导致压力*。如果管理者在一些与自己工作相关的问题上——如职责范围、公司对于他们的期望，以及如何分配投入各项职责的时间——举棋不定，就有可能出现这种状况。有时，这种模糊源于缺乏对工作、目标或具体职责的明确描述，不过总的来说，通常在组织或市场中发生的变化才是导致模糊的原因。这种现象相当普遍。
- *工作过多或过少会造成压力过大或过小*。工作负担过重既可以定量，也可以定性。当管理者被要求在有限的时间内完成超出其能力范围的更多工作时，就会产生定量的超负荷压力。如果他们认为自己缺乏完成某项工作所需的技能、能力或资源时，就会形成定性的超负荷压力。一旦员工的工作量过少，定量的低负荷压力就会引发厌倦；若从事无聊的重复性日常工作的员工长期缺乏精神刺激，就会形成定性的低负荷压力。
- *连带责任：沉重的负担会导致压力*。多数管理者（应该）为下属的行为负责：管理者必须激励、奖励并惩罚下属，与他们沟通、听取他们的意见等。管理者在面对组织政治与决策的人力成本时，往往会感受到相当大的压力：要倾听没完没了的抱怨、调解纠纷、促进合作，并且发挥领导作用。
- *社会支持不足：被社会孤立或忽视时会产生压力*。遇到困难时，如果可以寻求朋友和支持者的帮助，就有助于减轻应急事件在管理者眼中的威急程度，增强事件的可控性。朋友和支持者可以在困难时给予情感、财务与信息方面的支持，他们也往往能够提出处理压力来源的实用策略。
- *无法参与决策：无助感与疏离感会造成压力*。许多中层管理人员成为（或自认为是）企业高层制定的决策的受害者，他们无法控制高层所做的决策。主要原因是企业不允许中层管理者参与，或是对影响其工作的重要商业决策出一份力。

3. *应对*　处于压力之下的人如何努力去应对压力？慢跑？祈祷？来一杯烈酒？试图发现压力有趣的一面？

人们现已将以问题为导向的应对（旨在解决问题或是试图改变压力源）与以情绪为导向的应对（旨在减少或管理与特定环境相关或由其引起的情绪困扰）做了区分。一些以情绪为导向的反应涉及否认，另外一些则对事件重新进行积极的诠释，还有一些则去寻求社会支持。同样，以问题为导向的应对也可能涉及几种不同的行为，如规划、采取直接行动、寻求援助，以及筛选出特定行为等。有人认为，出于种种原因，个体倾向于采取并习惯性地使用一些也许有效，也许无效的应对模式。然而，人们确实可以通过学习或培训放弃效果不好的应对策略，而选用其他策略。

乐观：压力缓冲剂。能在测定抗压能力时发挥重要作用的一项个人因素，似乎就是我们所熟知的乐观 / 悲观这一维度。乐观主义者的人生观充满希望，会用积极的方式来解释各种各样的情况，并且往往认为能够取得有利的成果和结果。相比之下，悲观主义者会以消极的态度看待许多情况，认定会出现糟糕的后果与结果。乐观主义者比悲观主义者更能抵御压力。

乐观主义者与悲观主义者会采用截然相反的策略来应对压力。乐观主义者会专注于以问题为导向的应对——制订并实施具体计划来解决压力的来源。此外，他们也会寻求社会支持——来自朋友与其他人的建议与帮助——在当前问题得到解决、压力得到缓解之前避免参与其他活动。悲观主义者往往会采取完全不同的策略，比如放弃去实现受到压力干扰的目标，甚至否认发生了应激事件。此外，两者采取的归因判断方式也不相同：乐观主义者认为成功源于内部因素，而失败则归咎于外部原因，悲观主义者正好相反。

坚韧性：将压力视作挑战。可以将具有抗应激人格的人与容易受到压力不良影响的人区分开来的另一项个体差异因素，似乎就是坚韧性（hardiness）或称心理弹性（resilience）。这一术语指的是一组而非一种特质。具备坚韧性的人似乎与其他人在三个方面存在不同，他们表现出了高度的：献身精神——更为深入地参与工作，以及生活中的其他活动之中；控制能力——相信自己其实可以对生活中的重要事件与自己经历的结果产生影响；挑战能力——将改变视作一种挑战与成长的机会，而不是对安全的威胁。

这些特质结合在一起，帮助坚韧的人赢得了较高的抗压能力。据报道，坚韧性高的人更为健康，即便当他们遭遇了会带来巨大压力的重大生活变动时，也是如此。

人们可以通过压力所产生的后果意识到压力的存在。压力能够引发众多后果，但是通常可以分为三类。

生理症状

- 明显衰老。
- 长期困乏、疲惫。
- 感染，尤其是呼吸道感染频发。
- 出现健康问题，如头痛、背痛、胃病与皮肤问题。
- 出现抑郁的症状，体重或饮食习惯改变。

情绪症状

- 感到无聊或冷漠：缺乏情绪反应，感到绝望。
- 愤世嫉俗、愤恨不满。
- 容颜憔悴、表情悲伤、垂头丧气。
- 言语间流露出焦虑、沮丧与悲哀。

行为症状

- 旷工；发生事故。
- 对酒精或咖啡因的消耗增加；烟瘾加重。
- 锻炼过度。

- 不可理喻，很容易勃然大怒。
- 生产力下降：无法集中注意力或完成任务。

个体往往试图通过改变生活方式，尝试放松或冥想的技巧，或是参与治疗来应对压力。同时也会出现高缺勤率与高员工流动率、劳资关系恶化、质量管理下降，甚至是偷窃和纵火等组织性的压力症状。一些企业试图通过工作再设计、机构重组，以及引入压力管理项目等方式来缓解员工的压力。

职业倦怠

职业倦怠是身体、心理与情绪疲惫的结果。

无法应付压力可能会导致职业倦怠。厌烦，这一繁重工作的情绪对立面，也许会造成职业倦怠。上司、同僚、下属与客户之间沟通不畅也是引发职业倦怠的常见原因。薪酬过低或是分配不公也许是另一个原因。责任过重、支持过少也有可能会导致职业倦怠。为了完成与众不同、重要却毫无意义的任务而不得不频繁地学习新的和专业性的技能，是产生职业倦怠的又一项原因。

造成职业倦怠的典型因素及其所引发的典型后果，就体现在以下既定的疏离方面。第一，无意义——认为日常工作毫无成效、没有内在价值或意义。第二，脱离所在组织的目标——个人认为组织高度重视的东西毫无价值。第三，无力感——认为无论做什么，都与成功或幸福无关。

首先，职业倦怠的受害者会抱怨身体上的疲劳。他们精神不振，多数时候都感觉疲惫不堪。他们会提及诸多身体劳损的症状，如经常头痛、恶心、睡眠质量不佳，以及饮食习惯改变。其次，他们体验到情绪疲惫。抑郁、无助及被困在工作之中的感受都是这种综合征的部分表现。最后，职业倦怠症患者往往会表现出精神或态度上的疲惫，这通常被称作人格解体（depersonalization）。他们开始猜忌他人，往往会将他人当作物体而非人类，并且对所属组织持极其消极的态度。此外，他们往往会贬低自己、工作、管理者甚至是整个生活。最后，他们常常会缺乏成就感。

职业倦怠症患者认为，他们未能在过去大有作为，并且认定自己也许无法在未来获得成功。职业倦怠是由于长时间处于巨大压力之下所导致的情绪、身体及精神上的疲惫，并同时感觉到自卑或自我效能低下的综合征。这确实没有什么乐趣可言。

职业倦怠所表现出的症状 表明已经出现职业倦怠的主要迹象可以分为三类：身体状况、行为变化与工作表现（见表 7.1）。

表7.1　职业倦怠所表现出的症状

身体状况	行为变化	工作表现
头痛 失眠 体重减轻 肠胃紊乱 精疲力竭、疲惫不堪 烦躁不安 经常感冒	日渐易怒 情绪发生变化 耐挫折能力下降 日渐多疑 更愿意冒极端风险 酗酒，过度使用镇静剂	工作效率下降(工作时长增加，但生产力下降) 主动性降低 工作兴趣减弱 处于压力之下时有效工作能力减弱 思维日益僵化（思维封闭、缺乏灵活性）

7.7
结论

心理学一直在商业世界发挥着重要作用。从设计选择过程到开发技术，再到激励员工、缓解压力，心理学知识已经得到了实际应用。研究表明，许多雇主与员工都十分青睐此类知识。人们了解了工作压力，意识到金钱激励措施无法不断提升员工的业绩并最终增强他们的幸福感，而心理强化的重要性，以及对工作压力的认识已经极大地影响了人们看待组织心理学的方式。

组织心理学家利用自己对于人类行为的理解及相关知识来改善工作绩效与工作环境。心理学家没有单纯地考虑物质激励的重要性，他们同样强调了心理学在职场中所起的重要作用。

第 8 章

外貌重要吗

8.1 引言

哪些个性与品质能够对人际吸引力做出最好的解释？也就是说，为何人们会被他人吸引？排名第一的因素往往就是*体态吸引力*（physical attractiveness）。

自此，这一发现便成为了心理学文献中最为普遍存在的发现成果之一——*颜值很重要*——的典范与例证。事实上，过去40年间的研究已经证实了体态吸引力对于人类生活存在着广泛而深刻的影响。但是哪些方面更为重要？为什么会这样？这些因素与文化无关吗？

一般而言，俊男靓女能够享受不同的待遇。研究表明，具有吸引力的人可以获得更大的私人空间，更有可能在争论中获胜，人们也更愿意向他们吐露秘密。其他研究的结果与这些发现一致，人们通常认为具有吸引力的人更聪明、更快乐、更成功，他们具备更优秀的个性，也更有可能步入婚姻的殿堂。

这些研究证实了众所周知的*外貌魅力偏见*。研究反复证实，一个人的体态吸引力与其受到的待遇存在正相关关系，从而导致具有体态吸引力的个人能够拥有更好的工作、更高的收入，以及更多的朋友。此类研究使我们深信，吸引力会对个人的日常生活产生深远的影响。然而，此类研究没有回答的问题是究竟应该对吸引力作何定义。这个问题十分重要，原因尤其在于它会影响我们研究吸引力的社会影响，以及与身体意象及身体自尊相关的问题的方式。

8.2
吸引力的定义

那么，应该如何界定吸引力呢？人们曾认为，吸引力难以解释，却易于识别。曾经有一位法官在提及色情作品时也用到了同样的表述。因此，知晓几个世纪以来，人类一直在努力做到这一点——对美做出解释，就不会觉得奇怪了。例如，古希腊人认为美关乎恰当的数学比例。事实上，在达·芬奇与其他文艺复兴时期艺术家的笔记本记载中也彰显了柏拉图的黄金分割等有关美的数学函数。

“情人眼里出西施”这种想法——人们心中对于美的标准不同，因此，在谁美谁不美的问题上，人们无法达成一致——长久以来，是哲学与艺术中的主流观点。

然而，与对于美的主观观点相反，心理学家认为也许可以对吸引力提出客观的标准。例如，社会理论家强调了对美的判断对于社会及文化规范的影响，并且强调“吸引力偏见”之类的社会刻板印象构成了其现实。目前，在外行与科学界都广受欢迎的另一种想法就是，美丽是健康与生育能力的可靠指标。这是有关人类吸引力的进化心理学的观点。

8.3
散发吸引力就代表智慧超群吗

会有人敢提出这种见解吗？极其成功的人士真的会比不那么成功的人更具吸引力吗？为何监狱与精神病院中鲜有长相俊俏的人？

在这方面存在三种理论 / 意识形态的立场。

不公正、刻板并值得干预

许多人认为，外貌魅力这一刻板印象是不公正的。他们认为，所有体现出吸引力与工作 / 学校表现之间存在关联的研究都是社会过程（如自我实现）而非生物现实的结果。因此，根据吸引力选择雇员是对那些吸引力较小的人的不公平且不公正的歧视。

进化的事实与现实

一些人认为外貌魅力是不争的事实，他们借助证据来证明帅哥美女的工作效率更高这一理论。因此，在面试时考虑个人吸引力是有益的，只有这样才能找到最成功的候选人。

择偶理论提出不相关的特征会在选型交配的过程中得到共同进化——美貌的女性与聪慧的男性孕育孩子，因为他们拥有丰富的资源。优良基因理论表明，吸引力代表着健全、健康与质量；父母关怀差异理论则表明了父母会在更具吸引力的孩子身上进行更大投资的立场。

不断发展的关联性

这一观点认为，具有吸引力的人可以获得将对人格与社会行为产生影响的发展优势。魅力偏见这种刻板印象会导致具有吸引力的人在一生中都能获得家长、同龄人、老师和雇主的优待。这将导致他们更有可能自信、果敢、擅长社交技能、在职场上获得优势，尤其会因为人际关系技能而获得发展。

因此，尽管从生物学的角度来说，吸引力与职场成功 / 智力无关，但它是一项社会指标。由于存在魅力偏见这种刻板印象，同辈、下属和客户也更加喜欢、信任并愿意帮助具有吸引力的人。因此，从商业角度来说，选择具有吸引力的员工是有利的。

8.4 为什么我们认为特定的外形特征具有吸引力

根据人类历史的进化心理学观点，男性在交配时的重点是使能生育的女性受精，而女性的重点则是从优秀的男性那里获得良好的基因，或许还有养育孩子所需的食物及保护。对于进化心理学家来说，这些仍然是现代男女面临的核心问题。在性策略的框架下，他们假设了组织和引导个体繁殖努力的一整套完整的行为（见表 8.1）。

表8.1　女性具有吸引力的特征及其背后的进化原因（西方视角）

吸引男性的特征	原　因
年轻	男性之所以会偏爱年轻女性，是因为她们具有繁衍后代的更大价值。这与人们期望中女性可以生育的孩子的数量有关。进化心理学家指出，这是男性会被年轻女性吸引的原因，尽管他们也很关心文明社会对于法定承诺年龄的限定。然而，我们的祖先未曾制定过这样的法律，因此人类的大脑很难理解之前并不存在的这些法规——因此，男性会被年轻女性吸引。
长发	男性希望寻求健康的女性来照顾他们的后代，行使一位好母亲的职责。健康的一项指标就是女性的头发。健康的个体头发富有光泽，而不健康的个体头发会显得暗沉。人体会在患病期间从不重要的器官（头发）中获取营养，并将其转移至重要的器官。因此，头发好是身体健康的良好指标。头发生长速度非常缓慢（每年约 6 英寸），因此可以根据不同长度的头发来判断一个人过去的健康状况。如果曾经患病，那么在这段时间里生长出来的头发的状况会不如健康的时候。在过去，女性无法遮掩自己在生病期间所呈现出的糟糕的发质。现在，上了年纪的女性会剪短发，不愿让头发泄露自己的健康秘密。

续 表

吸引男性的特征	原 因
细腰	36–24–36 被认为是女人的理想三围尺寸。男性普遍喜欢的腰臀比（腰围与臀围之比）为 0.7。为什么？有人指出，这是因为健康女性的腰臀比会比不健康的女性小。糖尿病、高血压和中风等健康问题会改变体内的脂肪分布，增加腰臀比。腰臀比较小的女性生育能力也更强，因为她们体内的生殖激素含量较高。有趣的是，这个比例会在月经周期内产生波动，在排卵期，即女性生育能力最强的时候，腰臀比最小。男性是在无意识的状态下寻找更健康、生育能力更强的女性的。
丰胸	随着年龄的增长，越大越重的乳房就越容易下垂，因此男性可以更容易地判断出女性的年龄。在我们的祖先所生活的环境中，没有日历和生日的概念，因此女性无法计算自己的年龄。由此，较大的乳房是判断年龄和生殖价值的更好依据。然而，存在一种与之相竞争的假设。最近，针对波兰女性的一项研究发现，根据其生殖激素的水平，那些胸大腰细的女性生殖能力最强。也许，男性喜欢胸大的女性的原因，与他们喜欢细腰女性的原因相同。
金发	金发是判断女性年龄和生殖价值的另一个指标。随着年龄的增长，金发的色泽会发生巨大变化。第一个孩子出生后，女性的雌激素水平会下降，发色会变深。随着孩子陆续降临人世，头发的颜色会越来越深。金发少女长大后往往会成为褐发女性。所以，如果男性被金发吸引，他们就会无意识地想要与年轻、生殖价值较高且更为健康的女性一起养育后代。对于金发的喜好始于斯堪的纳维亚和北欧地区，那里气候较冷，生活在那里的祖先穿着衣服。因此，男性需要年龄指标，而不是女性身体脂肪的分布。随后，男性发展出偏爱金发女郎的倾向。这可以解释“金发女郎都很愚蠢”的刻板印象，因为在我们的祖先所生活的环境中，浅金发女郎的平均年龄是十几岁，深褐色头发的女性的平均年龄可能是 35 岁。因此，浅金发年龄段的女性显然存在着经验与智商不足，但这实际上反映的是年轻人的知识储备不足，而不是金发女郎十分愚蠢。
碧眼	人们普遍喜欢长着一双碧眼的女性，唯一可行的解释是于 2002 年提出的。看到自己喜欢的刺激物，人类的瞳孔会放大。例如，看到婴儿时，女性的瞳孔会放大。这可以用来诚实地反映个人喜好。所以我们无法掩饰别人对于我们的吸引力，因为我们无法控制这种自动放大。蓝色是人类虹膜中最浅的颜色，因此最容易在蓝色眼睛中观察到黑褐色瞳孔。由此，最容易判断出拥有蓝色眼睛的人是否被你吸引。这有助于解释两性对于蓝色眼睛的喜好，因为对于女性而言，判断男性是否被她吸引同样十分重要。这个理论也可以解释为何人们认为拥有棕色眼睛的人十分“神秘”，因为在深棕色虹膜的背景下，很难判断出瞳孔的状态，所以我们也无法判断一个人是否被我们吸引。

据说，男性的地位和为后代提供资源的能力是女性择偶的标准。因此，为了吸引女性，某个男性会争取比其他男性获得更多资源，而女性则会偏爱可以表明男性拥有或是有可能获得资源的各种线索。

另一方面，年龄与外貌是男性看中的条件之一。根据这个想法，人类祖先需要评估女性的年龄与健康，但是他们只能将光洁的皮肤、年轻的容颜、特定的体形或其他可以指示健康状况良好的特征作为判断的基础。

这种进化心理模型有助于理解实验社会心理学所获得的许多实证结果。例如，现已证实，来自许多文化背景之下的男性都青睐长相年轻的女性。如果这种偏好是遗传机制的结果，那么男人应该选择的与之繁衍后代的伴侣似乎就应该拥有年轻的生育能力，从而可以使他们的基因获得遗传的概率最大化。

由此，我们确立了能够吸引男人的特征，并且现代女性希望自己看起来像传统的芭比娃娃，拥有一头长长的金发、小蛮腰、丰满的胸脯，以及湛蓝的眼睛。目前，女性拥有可使自己呈现出心目中理想状态的技术和能力，男人则会因此上当受骗。男性的大脑无法完全理解硅胶假体、金色染发剂或彩色隐形眼镜，因为这些东西在他们祖先所生活的环境中并不存在。他们能够意识到，具备这些特征的女性其实未必如同其外表所显示的那般年轻，但是他们仍然被这些女性吸引，因为他们祖先的心理功能被之前并不存在的现代科技愚弄了。

8.5 关键因素是什么

体态吸引力在人类进化史上发挥了重要作用，引导人们探讨美者生存的理念。这个思想背后的缘由是，生育是将遗传特征从一代传递到下一代的唯一途径。因此，能够生育且令其后代继续繁衍的生物体得到了进化。换句话说，可以繁衍后代的性交是实现成功进化的唯一途径。

最好的线索是：

- 在物种中独树一帜。
- 在男性和女性之间显示出显著差异。
- 只在青春期（性成熟）后生长。
- 显然被视为性信号。
- 通过装扮和化妆有选择地精心设计。

这些线索可能演变为生育能力、生存能力、年龄、健康状况或缺少病原体和寄生虫感染的指标。

1. 腰臀比

进化心理学的最终成败当然必须经由其产品来判断。它是否为我们提供了针对人性或人类行为的合理且具有启发性的见解？能够突显预测能力和局限性的进化心理学的一则研究案例，就是针对腰臀比例（WHR）是女性吸引力的一项指标的。

在早期针对吸引力的研究中，认为吸引力的关键决定因素之一是以身体质量指数（BMI）为基准的体重。各项研究发现，纤瘦的女性被认为更有吸引力、是更好的伴侣且总体上更为积极。然而，辛格（1993）提出的证据表明，可以判断女性的吸引力和潜在生育能力的指标是体内的脂肪分布，而不是总体重。辛格之所以会调查这些特定形态的特征，是因为它们具有独特之处。与腰臀比、腰部和臀部的大小有关的特征对人类来说独一无二，因此可能具有一些独特的功能性意义。

青春期前后，男性和女性之间的体态差异可以忽略不计，只有在生殖早期才有最大的分化。这是由青春期期间及之后的活性性激素所造成的，这会影响脂肪组织的分布。在女性体内，雌激素刺激脂肪细胞积聚在臀部和大腿，并且抑制它们在腹部积聚。

相比之下，男性体内的睾酮可以最大限度地刺激腹部脂肪细胞的积累，并且抑制大腿和臀部的脂肪沉积。这些差异造成了两性脂肪分布上的差异，反过来，这些差异又可以通过腰臀比来测量。

辛格进化预言的一个重要发现，就是腰臀比与各种生活结果有关。腰臀比可以反映出人类是否容易受到各种主要疾病和心理障碍的侵袭。此外，辛格指出，腰臀比还能反映出影响女性生育状况的所有条件。例如，辛格（1993）在对这项研究的总结中指出，成功受孕的概率受到腰臀比的影响，腰臀比大的已婚女性怀孕难度较大。

在辛格看来，在进化史上以采集狩猎为生的祖先所面临的主要问题是识别伴侣的价值。因此，在进化的过程中，男性选择用知觉机制来检测，通过腰臀比所传达的信息来确定女性作为伴侣的潜力。为了便于调查，辛格开发出一套女性形象的二维线图，在整体体重和腰臀比方面显现出系统性的变化。辛格报告说，低腰臀比（指示曲线）在一系列实验中均被认为是最具吸引力的。

对于辛格而言，腰臀比是进行广泛初次筛选的“仪器”，可以将不健康或生殖能力较差的女性排除在外。只有在通过了这个普遍被认可的过滤器之后，才会在选择配偶时考虑如长相、皮肤或体重等其他特征。这个过滤器对于男性普遍适用，因为对于进化适应环境中的所有男性而言，它是对女性伴侣的价值所进行的适应性评估。许多（工业化）国家中的研究人员重新开展了辛格般的研究，并且得到了相似的结果，这可以作为腰臀比是择偶信号的具有普通性的证据。

2. 体重

乍一看，这似乎是进化心理学中一个很好的例子：通过预测腰臀比是体态吸引力的主要属性，辛格超越了既定的信仰。然而近年来，人们日益发现，事实并非完全如此。例如，一些研究人员认为，辛格的发现是实验设计中人为的结果。托弗、汉考克、默罕默德、辛格尔顿与柯内利森（2002）指出，辛格的线图通过改变躯干的宽度来改变每个重量类别内的腰臀比。这不仅改变了令人感到刺激的腰臀比，而且明显改变了体重指标（以身体质量指数计或以千克计的重量，除以以米为单位的身高所得的结果）。由此，将腰臀比的差异与身体质量指数的变化相结合，于是0.70这种对于腰臀比的显著偏好可能只针对纤瘦的身材有效。

事实上，越来越多的文献研究探讨了腰臀比和身体质量指数对女性体态吸引力的影响，它们大多发现腰臀比的预测评级较弱。大多数研究运用了技术先进的系列刺激（如照片与三维图像），而且通常发现，身体质量指数和腰臀比在吸引力评级中的影响差异很大：身体质量指数的变化几乎占到了差异的 70%，而腰臀比所占的比例则要低于身体质量指数。

然而，其他人对男性普遍偏爱低腰臀比的现象提出了质疑。针对采集狩猎部落的几项研究发现，他们通常更喜欢高腰臀比，而且体重是更好的吸引力评级的预测工具（Wetsman & Marlowe，1999）。例如，于和谢泼德（1999）在秘鲁的姆西根卡发现，其中一个偏僻的群落首先按照体重（从高到低）来排列线图，随后才是高腰臀比至低腰臀比，与人们在工业社会的发现结果完全相反。

那么我们应该如何理解腰臀比和吸引力之间的关系呢？一种可能性是腰臀比仅仅会间接影响吸引力评级。最近的研究强调了腰臀比有可能被用于对性别进行社会判断。换句话说，腰臀比似乎涉及区分男性与女性，或是女性怀孕与否。此外，腰臀比与女性气质密切相关，而女性气质与女性吸引力相关，拥有性感腰臀比的女性应该会被认为非常有吸引力。

这种范式为进化论和社会化提供了解释的空间。基础生物学可能会直接首选性感的腰臀比，而文化和学习可能会更强烈地影响最近时期的偏好。的确，人们更多地认识到，吸引力的进化心理学模型过于片面。如果毫无批判地接受，大多数进化心理学理论会退化为荒唐的厌恶女性的主张，起到延续偏见和歧视（例如，男性掌握社会大权，因为他们认为这是极其“自然的”事情）的作用。在更基本的层面上，大多数当代研究者热衷于强调吸引力的导向和经验成分，以及可能的进化偏好。也就是说，文化和生物学应该被视作共同产生作用，而非各自为战。

3. 时间和情境因素

最近的研究进一步突出了可能影响人际吸引力的时间和情境因素。一些研究表明，资源稀缺的感受可能会影响偏好，饥饿的参与者会认为体重较重的潜在合作伙伴更具吸引力。重要的是，这一发现反映出体重偏好的文化差异模式。

正如特定文化中的饥饿参与者喜欢较重的潜在合作伙伴一样，相对较贫穷的社会比经济发达的社会更偏好对较重的体重理想化。资源剥夺（如饥饿）的主观经验很可能为社会中的集体资源提供了隐含的线索，人们利用这些线索来构建自己的偏好。

通过参与社会文化的特定过程和实践，个体对理想化的形体形成了理解，例如理想体重。具有类似信仰的个体与当地的社会环境互动，这些互动（与文化机构一起）塑造了个体的心理体验。因此，特定社会经济背景下认为可取的，个人也认为可取，而文化上有意义的内容对个体来说也变得有意义。因此，文化价值观是内在化的，在个体的心理倾向中得到了体现，个体通过它们来指导自己的行为和喜好。

可以将这些发现与一些进化理论进行调和。例如，饥饿能够以可预见的方式影响吸引力的判断，这一发现强烈表明，在个体层面存在影响吸引力的近似机制。同时，这种机制可能会受到进化因素的塑造。一个可能的情况是，在困难时期或资源短缺的时候，我们应该被指向环境安全的特征所吸引。因为只有拥有资源的人才能够在物资稀缺的时候增加体重，所以选择体重稍重的潜在合作伙伴是有意义的。这就造成了几乎所有的文化都有或有过更重或更丰满的身体具有吸引力的想法。

这种模式依赖于进化、社会文化和个体机制之间的相互作用，并且具有不将人性的一个方面（生物的）置于另一个方面（社会文化的）之上的优点。对任何特定心理倾向（如体重判断）进行全面了解，需要对集体现实进行一些分析，这种倾向就是其组成部分之一。为这种心理倾向提供理由与支持的集体现实，包括人类的进化史和反映与促进这些思想及价值观的、植根于社会文化和历史中的思想和价值观、制度，以及社会实践。此外，它还将包括体现和推动这些想法的日常社交网络。

4. 个体差异

正如体重偏好研究突显了文化间的差异一样，不同文化对吸引力的评级也可能存在个体上的差异。这表明了解吸引力的社会性质很重要。虽然我们可能会认为人类进化史在塑造人性方面产生了深远的影响，但最终还是必须要解释诸如选择配偶和交配等行为。

可以调节体态吸引力的一个重要社会因素是互惠，也就是我们会偏爱喜欢我们的人，厌恶不喜欢我们的人。在 20 世纪 50 年代中期进行的一项经典研究中，迪特斯和凯利（1956）让实验参与者加入了一个小型讨论小组。他们会在讨论中引导这些人相信得到了其他小组成员的喜爱或厌恶。他们发现，那些相信自己被喜欢的参与者更会被小组吸引。

然而，多种因素可能会调节互惠和喜好之间的关系，包括个体的依恋风格或观察者的自尊意识。例如，在迪特斯（1959）进行的另一项小组实验中，参与者被分为高自尊与低自尊两组。随后，参与者被置于令人满意（受到小组成员的积极对待）或令人沮丧（受到消极对待）的环境之中。对于低自尊参与者而言，群体对他采取的行为决定了群体对他产生吸引力的强弱。相比之下，这种吸引力的差异对于高自尊的参与者并不明显。这表明，高自尊者的喜好不受接纳或拒绝的影响。

互惠的影响也可以与环境的性质相互作用。在某些情况下，我们会高度重视另一个人的赞美；在另外一些情况下，我们会意识到他人的赞扬别有用心，因此他们的赞美不会让我们喜爱他们。我们也更加重视来自陌生人及我们期望的人的赞美，而非朋友和家人的夸奖。获得赞美的模式也具有影响力。一个有趣的例子是得失理论：我们往往最喜欢起初不喜欢我们，之后却对我们热情的人，而最不喜欢起初喜欢我们，随后却变得冷冰冰的人。对于这种现象，一种解释是其涉及焦虑减轻。当我们被拒绝时，焦虑感会增加，但是当拒绝转变为接受时，焦虑感就会减弱，所以我们能够体验到被人喜欢的愉悦。

5. 接近性与相似性

大多数有关吸引力的理论将重点放在观察对象的体貌特征，如体重上。但是非体貌特征也可以在确定是否具有吸引力的问题上发挥重要的调节作用。一种可能性是观察对象的个性决定了他的吸引力：我们认为所认识的更具吸引力的人拥有快乐或温暖的个性。这突出了人际吸引力的另一个方面，即个体之间的社会互动可以导致关系产生。

影响我们对自己认识的人给予吸引力评级的两个已知关键因素是接近性

与相似性。虽然看起来很明显，但是物理上的接近是吸引力的有力推动因素。费斯亭格、沙克特和巴克（1950）在一项著名的住宅建筑群的研究中发现，参与者在自己所住楼层而非其他楼层或建筑物中拥有更多朋友。即使在同一层，参与者也更可能与他们的近邻而不是住在走廊尽头的人交朋友。

此外，接近性使得其他因素，如熟悉程度，在确定人际吸引力时发挥作用。接近性通常会导致人们长期接触并变得更加熟悉，因此可以增加好感。熟悉程度强化了好感，这是长期反复的刺激会增加好感这一普遍结论中的一个。熟悉效应也可延伸到陌生人，相见的次数越多，我们就会越喜欢他们，越认为他们具有吸引力。相比之下，如果熟悉的事物发生了变化，人们就会感到不舒服。例如，人们通常不喜欢镜子中变形的自己。

另一个调节吸引力的社会因素是态度或价值观的相似性。人们常说个性不同的人相互吸引，但是在心理学的文献中，支持这种互补性观点的证据很少。相反，有证据表明，在体态吸引力、社会背景和个性上均匹配的人更有可能相互吸引。对于长期关系的研究证实，在初步测试时，配偶在年龄和教育水平等方面相似。随着时间的推移，他们在心理能力和态度的测量结果上变得更加相似。

但是，态度的相似性也能以不同的方式起作用。在另一项经典研究中，纽科姆（1961）为学生提供免费住宿，作为回报，他要求他们填写关于态度和价值观的调查问卷。第一份问卷在学生到校之前填写。在一学期的课程中，他测量了学生之间的吸引力与态度的变化。结果表明，在最初几周内，吸引力与接近性有关。然而，随着学期的推进，与吸引力最密切相关的因素变成了态度的相似性。

这些研究产生了吸引力法则，根据该法则，吸引力与对待个人的态度呈线性关系。但是该法则应更普遍地去运用，而不只是限于揭示两人之间具有共同的态度。只要别人做的事情符合你的感知，这些事情就会得到强化。越是认同，越是强化，你就越是被他们吸引。相反，态度和兴趣的差异会导致厌恶和回避。一个可能的解释是，如果我们喜欢的东西别人不喜欢，我们就会陷入认知不平衡的状态，从而感到不舒服。解决方法之一就是决定不喜欢这个人，然后重建认知的一致性。

8.6 体貌特征与个性

我们已经讨论了个体具有体态吸引力背后的原因，以及其他影响吸引力的因素。有关研究还将特定的体貌特征与个性特质联系到了一起。

在典型的实验中，参与者将同时看到人的脸部照片与夸张的个性描述。随后参与者将根据自己拿到的列有许多特质的清单（多达 40 个）对这些照片进行评分，并且挑选出与相片相关的特质。雅阁（1994）总结了许多研究的结果（见表 8.2）。

表8.2　人们认为体貌特征所代表的含义

特征	含　义
眼眶浅 眉色浅 眼睛亮	无忧无虑、随和、快乐、幽默、诚实、热心
脸更年轻 横向皱纹少	充满活力、认真、耐心、诚实、热情、善良、友好、聪明、负责、善良、轻信、随和
上了年纪的脸 普通厚度的嘴唇	温顺、好学
上了年纪的脸 薄嘴唇	受人尊敬、聪明、优雅
皮肤黝黑 粗糙的油性肌肤	怀有敌意、粗鲁、狡猾、脾气火爆、自负
年轻的脸 低眉 细眼	无忧无虑、兴奋、狡猾、自负

续 表

特征	含 义
眼睛明亮 大眼睛	品德特性（真诚、认真）
眼皮不可见 皮肤光滑 衣着光鲜 微笑	社会可接受性（可爱、善于交际）
高眉 倾斜头部 细眼	傍大款综合征（喜欢吸引男人的注意力、自负、要求高）
细眼 嘴不紧绷 美丽的厚唇 皮肤光滑 衣着光鲜 涂抹唇膏	性感

这些研究都表明，五官尤其可以让人产生清晰、一致的个性印象。这是因为人们认为，如果一个人看起来与他们认识的其他人相像，那么这个人就应该具有相同的个性。此外，人们会根据身体部位做出推论：高额头意味着脑袋大，表示聪明；厚嘴唇意味着擅长接吻，表明道德不够严谨。这些关联性的认识可能与特定的文化相关，并且会随着时间的推移而发生改变。

基于外貌特征的个性判断研究还在继续。芬克、尼夫、曼宁和格拉默（2006）表示，脸部的对称性会显著影响对于健康和个性的判断。脸越不对称的人，越不可能被认为善于交际、活泼、自信与理智，而且也会更焦虑。

8.7
有吸引力的个性

多年来有不少研究在对吸引力进行评分检验时，会通过提供照片与个性信息来对所形成的影响进行考察。许多人着眼于吸引力对于个性的相对力量，以及个性对于吸引力的相对力量。

奈特（2006）试图全面、简明地概括五大人格维度的效益与成本。请参阅表 8.3。

表8.3 定义五大人格因素的形容词、Q分类及效益与成本举例

因素	因素定义		正效益	负成本
	形容词	Q 分类		
外向性	活跃 果敢 有活力 热情 外向 健谈	健谈 行家，幽默 快节奏 面部、手势表现生动 行为果敢 合群	大的社交网络 关系与婚姻成功 机遇寻找者 幸福	事故，冒险 冲动、糟糕的决策 关系不稳定
神经质	焦虑 自怨自艾 紧张 易怒 不稳定 令人担忧	脸皮薄 脆弱的自我防御 自我挫败 基本上焦虑 关注充分性 情绪波动	高度警惕 努力争取成功 情绪敏感 有竞争力	精神健康欠佳 压力敏感 身体健康欠佳
开放性	艺术气息 好奇 有想象力 有见地 开创性 广泛的兴趣	兴趣广泛 内省 不寻常的思维过程 重视智力问题 用非常规条件判断 审美反应	社交吸引力 创意 灵活性 以变化为导向	精神疾病 社会排斥 奇怪的信仰和生活方式
亲和性	感激 宽恕 慷慨 善良 有同情心 值得信赖	没有批判、怀疑精神 按照给定方式行事 同情，体贴 引起喜爱 温暖，同情 基本值得信任	心理意识 社交网络 牢固的关系 重视团队成员	易受剥削 未能最大限度地发挥个人优势 过于避免冲突 果敢力差
责任心	效率高 有条理 有规划能力 可靠 负责 周全	可靠，负责 生产力高 能做到延迟满足 不会自我放纵 遵守道德 有很高的期望水平	长期规划 更长的预期寿命 好公民 可靠尽责的团队成员	痴迷与完美主义 僵化、灵活性差 反应慢

外向性

性格外向的人更善于交际和寻求刺激，拥有更多的社会支持。他们通常具备更多的社交技能与人际自信。他们对于性的兴趣、态度与经验，表明他们往往拥有很多性伴侣，性交次数与后代的数量也更多。然而，这同时意味着他们更容易产生不忠（Nettle，2005）。这表明他们的孩子更有可能遭遇继父母的状况，这是在他们发展过程中存在的危险因素。

内向的人不太善于交际，但是相对更让人感到安全；他们找到伴侣、建立社交支持网络的概率要低一些，却反而拥有更安全的生活方式，更适合养育孩子。当然，人们认为外向的人似乎更具人际吸引力。社交自信、爱玩乐及乐观使得他们在短期内对许多人更有吸引力，对短期的社会关系也更有吸引力。

神经质

神经质者更可能感到焦虑、沮丧、负疚、恐怖和抑郁。他们不太可能拥有满意的、长期的人际关系与工作，但是他们却始终具有对社会的警惕和警醒，会规避风险。神经质者可以意识到微妙的（也可能是危险的）社会变化，在某些环境下这可以成为一种强大的生存机制。神经质者对于自己和他人的情绪十分感兴趣，这可以使他们对社会环境保持高度敏感。

那些神经质程度很低，被标记为稳定或高度适应的人可能存在一些缺点。他们也许太轻信，也可能很少努力下功夫，因为他们害怕失败。他们也可能对社会性焦虑问题和自己周围的问题不敏感，因此，能让他们获得支持的社交圈子较小。总体而言，人们似乎认为神经质者缺乏吸引力，对人太苛刻，要求过高。

开放性

开放性的标志是创意、认知的复杂性、想象力和好奇心。开放的个体会被不寻常和非常规的事物所吸引。开放性是艺术和科学成就，以及创新的良好预示物（Furnham，2008b）。开放的个体往往被认为富有创造性。创新思维的另一面是妄想，以及偶尔超自然的想法。当有创造力的个体情绪稳定并具备特定的技能，特别是艺术上的技能时，就会对他人极具吸引力，因此，他们拥有许多朋友和广泛的关系网络。然而，那些拥有不寻常信念的人很容易被他人当作“疯子”来对待，被社会排斥。中、高水平的创造力与吸引力相关，部分原因在于创造力在许多环境中受到高度重视。这也意味着，这些个体被认为是非常有趣的。

亲和性

讨人喜欢的人富于同情心、信任他人、善良、受人尊重，被他人视为朋友。他们总是寻求并尝试创建和谐一致的环境。这种特质获得了高度赞扬，同时，对他人的情绪很敏感明显是一种优势。然而，太相信别人，特别是相信反社会的人，可能结果会适得其反。过度留心别人的需要而不是自己的需要，结果也会适得其反。讨人喜欢的人可能很容易被人利用，他们不能或不愿意维护自己的权利。奇怪的是，似乎那些被认为意志坚强、严厉和持怀疑态度的人，其职业发展要比那些讨人喜欢的人更好。讨人喜欢的人总被他人评价为具有吸引力，而遭人讨厌的人总被评价为以自我为中心、自私与无情。

责任心

勤奋的个体努力工作、尽职尽责，让一切井然有序。他们表现出自控力，而且道德水平较高。他们可能以成就为导向，非常勤奋。这毫不奇怪，这种特质是成功的教育及职业生活最明显的标志之一。有责任心的人规划未来，并很乐意为理想而长期不断地工作。人们喜欢工作，并向有责任心的人学习，敬仰他们。具有高度责任心的人，其主要缺点体现为完美主义、刚性和社会教条主义。但有时，责任心也被视作激烈竞争环境下能力低的体现（可能关乎效率）。有些人具有竞争力，从而弥补了能力上的不足。经理人员、教师和家长普遍重视责任心，并努力在他们所认识的人中灌输这一理念。

8.8 吸引力

有吸引力的人工作做得比较好吗？许多研究表明，具有外貌优势的人在工作、生活中表现更好，现已发现有很多互动效应也在发挥着作用。例如，贾奇、赫斯特和西蒙（2009）研究了 191 名美国成年人和他们的财务状况，测量他们的薪金及财政压力。他们提出了三个假设。根据调研过去的研究结果，他们认为体态吸引力与财务收入存在正相关关系。他们还推测，体态吸引力与教育程度存在正相关关系，由于早年受到更多的鼓励和关注，长得好看的人获得了提高学习成绩方面的支持，激发出了积极性，从而导致他们所获得的教育水平更高。最后，研究人员认为，长得好看的人拥有更积极的自我联想，这与自尊和生活信仰有关。

三个假设全都得到了证实，相关系数范围从 $r = 0.20$ 至 $r = 0.24$，证明了外貌优势所带来的益处。然而，研究还发现，智力也是可预测教育程度和收入的因素。研究者能够证明体态吸引力对收入可以产生直接和间接的影响，另外还有两个调节因素，分别是教育水平和自我信念。

让我们思考一下在外貌优势与职场成功之间存在关系的证据（Swami &

Furnham，2008）。

美貌：一般的吸引力

1. 高中毕业生对于吸引力的自我评价与持续增长的工资回报有关。

2. 有利于吸引人的偏见：只适用于异性奖学金申请者（不包括同性）和潜在求职者，但不适用于同样富有魅力的面试官，因为社会威胁更大，所以吸引力一般。

3. 芬兰选举候选人的吸引力通过非芬兰人对照片进行评分来测量。结果发现，一个标准偏差的美度增加与非现任候选人的平均选票数增加 20% 相关。

4. 合作：人们更有可能与自己认为具有吸引力的人合作；认为自己更具吸引力的男性更加愿意合作，而女性在囚徒困境型游戏场景中更不愿意合作。

5. 职业发展：人们通常认为已经结婚生子、相貌丑陋的女性不太可能获得成功。

6. 体态吸引力：具有吸引力的求职者会被优先考虑，而且会拿到更高的工资；吸引力对外部求职者比需要由招募团队根据可靠性、等级和薪酬进行估计判断的内部申请者影响更大。

面部吸引力和信心

1. 娃娃脸：被形容为稚气或年轻。然而，根据候选样本，娃娃脸对于选举成功与否并不起决定作用。

2. 面部吸引力：学生及成人评判认为，随着吸引力的增加，收入前景和核心自我评价会更好，这表明外貌、大脑和个性对于收入和经济压力来说很重要。

3. 跨文化作用：在美国，相貌好与生活品质之间的相关度比在加纳要高。

4. 收入：英俊的男性预示着会拥有更高的起薪和以后较高的收入。在女性中，相貌对起薪没有影响，但是美女以后会赚更多的钱。到了 1983 年，男性平均每一个单位相貌评分（5 分制）的收入增加了 2600 美元，而女性增加了 2150 美元。

5. 在可雇用性、实用性和可取性上的优势：有吸引力的申请人在可雇用性上的评分比缺乏吸引力者更高，能力更强的申请人比能力较弱（中度能力）的申请人更为有利。申请人的性别不产生任何影响。缺乏吸引力对于女性来说，比对于男性性别类型的工作岗位来说更为不利，而能力一般对于女性性别类型的工作岗位来说，比对于男性性别类型的工作岗位来说更为不利。对于能力一般的女性来说，有吸引力对她们更为不利。这表明，对于女性来说，如果她们能力够强，吸引力仅仅能在可雇用性上帮她们加一点点分。所以不那么具有吸引力，但同样非常能干的女性会输给极具吸引力的女性，但这种效应在男性中没有发现。

发色

1. 金发人士领取高额工资，他们同发色的配偶也是如此。

2. 金发人士也比深色发质人士更能劝说家庭捐赠，而且平均捐赠额度更高（超过 23%）。但是，这与种族有关，所以这一发现只适用于白种人。

体重

1. 体重不那么理想的人士在劳动力市场中会遭遇偏见的风险。

2. 见解：女性认为遭遇就业歧视的可能性是男性的 16 倍，并且认为体重是遭受歧视的基本原因。超重人士报告遭受歧视的可能性是正常人的 12

倍，肥胖人士报告的为37倍，而严重肥胖人士报告的为100倍。

身高

1. 男性之所以智商更高，是因为他们个子更高（作者个人观点）；一旦对身高进行控制，女性的智商就会高于男性。身高与男女两性的智力均存在密切关联。

2. 身高与社会尊严、领导能力的彰显、业绩及收入相关。个子高的人在事业与组织生活的某些重要方面都享有优势（作者个人观点）。

智力

1. 印象管理（IM）：说话时特别留神与智商存在显著的相关性，这表明受到了印象管理目标的成功操控，并且归功于更高的感知智力评分（Murphy，2007）。这说明印象管理可以改善一个人所表现出的智商水平，并且改善就业前景，因为智商是一个重要因素。

2. 韦克斯勒成人智力量表（WAIS-III）测量的智力和创造力分别预测了不同环境下伴侣的吸引力（参与者的录像：阅读新闻、回答创意性的问题、说明自己为何是优秀的约会对象）。

阳刚之气

不论是男性还是女性，具有阳刚之气的人拥有更强的领导能力。

体重歧视

性别与种族的偏见和歧视是导致人类历史上一些最骇人听闻的野蛮行径

的原因。当然，现今的性别歧视和种族歧视更有可能以不易察觉或是全新的形式存在。相比之下，其他类型的歧视仍然普遍存在。例如，外貌偏见，有时也被称为容貌歧视或外貌歧视，在近年来日益受到重视。这些不同的术语都指向同一个问题，即长相俊美的人能够获得优待，长相平平的人却被剥夺了机会。

尽管在西方社会，容貌歧视的例子有很多，但是最普遍、最隐匿和有害的也许就是体重偏见和歧视。体重是个人明显的特征，难以掩饰。此外，不论男性还是女性，体重都是其体态吸引力的一个重要组成部分，因此体重过重或是过轻，都有可能遭人歧视。事实上，一些研究人员认为，肥胖和超重者是外显偏见和歧视最不可能接受的目标。日常生活与实验研究均表明，偏见、成见和歧视构成了超重和肥胖人士日常生活的一部分。

体重是一个人自我形象的重要组成部分。一些女性甚至表示因为担心变胖而拒绝怀孕。这些例子强调了在大多数社会经济发达的环境中存在纤体的理想。在这样的社会中，纤瘦就代表美好，这一信息被广泛传播，使得对肥胖人士持否定态度成为一种被认可的偏见。

皮尔和布劳内尔（2001）审视了针对超重人士的偏见和成见的文献，并且报告，这种偏见在广泛的应用设定场景中存在。例如，在就业方面，超重人士在面试之前、之中和之后也许都会面临巨大的不利因素。其中一个例子就是在模拟招聘环境中使用求职者录像带的研究（Larkin & Pines, 1979）。该场景涉及一位求职者为一份需要逻辑分析能力与眼手协调能力的工作完成书面筛选测试。比起普通人，超重的求职者显然不太可能被推荐聘用。此外，他们也会在涉及整洁与生产力在内的一系列描述项中获得更为负面的评价。即便超重人士被聘用，他们仍然会面临工资、晋升和解雇方面的歧视。

具有吸引力的个体似乎可以在职场中收获许多回报。他们在选拔、评估与奖励过程中都存在优势。

金钱优势

弗里兹、奥尔森和罗素（1991）在对737名MBA学生的薪水进行研究之后发现，英俊男性的起薪更高，而且可以随着时间的推移赚取更高的工资。最近，弗莱彻（2009）证实了之前的调查结果，他的结论是，中上等相貌的人，其收入水平比相貌平平的人要高出5%~10%（在能力相当的情形下）。

入职优势

迪波耶、阿维与特普斯特拉（1977）调查了具有体态吸引力的人在选拔过程中所具有的优势。在考虑面试官的性别与体态吸引力，以及求职者的性别、体态吸引力与资质之间的互动效应时，他们发现了三项主要的效应。所有面试官给予男性求职者的评分均高于女性求职者，高学历者胜过低学历者，长相俊美的人胜过相貌平平的人。他们得出结论，与体态吸引力和性别角色相关的刻板偏见是形成职场歧视性决策的因素。

相比之下，一项有关提供虚假履历（高/低学历）并贴有照片（长相俊美/长相平平）的实验（Pansu & Dubois，2002）则得出了不同的结论。研究人员调查了具有体态吸引力的个体所收获的优势，认为不论申请者长相如何，组织都更为偏爱资质更胜一筹的个体，而只有在需要相关技能的职位上，相貌平平、资质合格的应征者才会比容貌姣好、资质较差的求职者更具优势。

晋升优势

安德森、约翰逊与雷克斯（1994）研究了五种因素——性别、家庭结构、吸引力/外貌、员工关系、技术能力——对晋升所产生的影响。他们得出的结论是，已结婚生子且姿色平平的女性，其升职的可能性不如其他人高。

销售优势

在某些职业中，外貌优势所带来的益处会显得更加明显。在调查区域口音、吸引力和销售人员作用的过程中，研究人员发现，吸引力在预测购买意向决策的过程中，起到了非常显著的作用（DeShields，Kara，& Kaynak，1996）。

麦克尔罗伊与德卡洛（1999）研究了体态吸引力在女性员工销售业绩的评定中所起的作用。他们发现，体态吸引力在随机预测成功与期望的业绩方面所起的作用是“有限的”。

然而，当同性成员对具有魅力的个人进行评价时，体态吸引力有可能被视为一个缺点。也许这是因为同性成员会产生嫉妒心理。同性之间会因为想要成为职场中最有吸引力的员工而形成竞争，由此产生负面影响。

8.9 结论

显然，俊男靓女拥有巨大的社会优势。现在，我们已经认识到，尽管在某种程度上是“情人眼里出西施”，但是我们能够界定并解释为何某些特征会增添个人魅力。我们知道，在许多文化中，与青春和健康相关的所有特征（体型身高、皮肤纹理、体态匀称度）都被视作具有吸引力，同时，在比较具有吸引力的人与缺乏吸引力的人所受到的待遇时，我们往往能够看到偏见确实存在。

那么，体态吸引力究竟有多重要呢？它能在许多领域为个体带来很多优势。人们往往认为具有魅力或容貌姣好的人更加成功、聪颖、可靠、外向、自信、足智多谋。择偶理论为聪明的男性提供了寻找魅力女性的方法。人们偏袒、偏爱更具吸引力的个体。同时，研究还揭示了具备吸引力的个体获得高收入的方式。不过你不必绝望。“情人眼里出西施”的说法依旧正确，并且仍然是当今的一个主流观点。

第 9 章

判断与推动

9.1 引言

心理学家一直对人们如何做出决定这个问题深感兴趣。他们痴迷于人类的无理性与非理性。经济学家将许多理论建立在人是讲求逻辑、具有理性的假设之上。然而，心理学的研究表明，人类容易产生大量认知偏差。这些认知偏差就是人们在日常思维中犯的“错误”。它们也被称作启发式。

> 启发式是偏见与心理捷径，是快速思考的产物。

目前，行为经济学研究广泛讨论了大量的启发式。广告商与企业早已心知肚明并且了解了他们构建信息、选择价格、促销或提案的方式对是否会被选中有很大的影响。

该领域的研究始于 50 多年前，其中对于认知失调的研究十分出名。

认知失调

认知失调理论认为，当人们的行为与其信念和态度不一致时，他们会经历一种被称作认知失调的消极状态。我们试图通过改变自己的态度或行为，或是两者兼而有之来缓解这种“不适”，减少这种不一致（见图 9.1）。我们具有强大的动力去达到这种令人舒服的和谐状态。

然而，自相矛盾的是，行为可以轻易改变态度，反之却不然。个体可以通过改变行为来改变态度。

1 如果一个人被迫以违背其信念的方式行事，就会感到失调

2 施加在行为上的力量越强，失调就越小；反之亦然

3 改变态度可以减少失调

4 因此，当行动的力量反常地达到最小时，态度变化最大

图9.1 认知失调理论

例如，假设你手下有三组人（见图 9.2），就他们个人并不相信的一些重要问题（如死刑、种族隔离与动物研究）撰写引用充分的批判长文。

理论表明，而且数据也显示，第三组对于论文主题的态度应该变化最大。因为他们无法轻易地为这项任务辩解，原因在于他们或是被迫，或是为了获得更多的金钱回报而接受了这项任务。

第1组被迫完成这项任务（否则就会被严惩）

第 2 组可以获得优渥的回报（100 美元）

第3组可以领到极其微薄的薪酬（1 美元）

图9.2 三个实验组

根据该理论，失调已经出现，而且必须要在极其具体的情况下减少这种失调。仅仅注意到我们的行为与我们的态度不一致还不够。

首先，人们必须认识到与态度不一致的行为是自主选择，完全是个人意识，而且他们个人必须要为此承担责任。如果他们是在某种外力的胁迫下（或是别无选择）被动实施这种行为，则未必会引发失调。

一项研究要求学生针对他们个人并不赞成的一个具有争议性的话题撰写一篇论文，以此对该理论进行测试。那些选择撰写论文的人在信念上出现了最显著的变化。

其次，人们必须认为这种与态度不一致的行为极其坚定且无法挽回。如果可以轻易改变行为，失调就会减轻。

最后，他们必须相信自己的行为会对自己和他人产生重要影响。如果影响微弱或微不足道，他们也不太可能经历失调。最终如果特定的态度或行为

关系到他们的自我理念、自我价值及价值观的核心时，他们往往会经受最显著的失调压力。

一项极其著名的研究证实了这一点。三组学生被要求完成一项时间长、无聊、单调且重复的任务。一些人获得了 1 美元的报酬，一些人获得了 20 美元的报酬，而控制组却没有获得任何回报。之后，研究人员向他们询问了对这项任务的看法。较之获得 20 美元的人，只获得 1 美元的人说服自己相信这项任务更令人感到愉快与有趣。获得 1 美元的人陷入了一个困境：他们是否可以 / 应该承认，人们用微不足道的一笔钱，即一笔小小的“贿赂”就“收买”了自己？没那么容易。因此，他们重新诠释了这件事。这对于领到 20 美元的人来说不成问题：如果价钱合适，人们愿意做许多事。

失调还预示我们具有贬损受害者的倾向。当我们在没有任何明显的、正当的理由的情况下，对另一个人或群体做出不友好的举动时，我们就会以更为负面的方式来看待受害者，从而改变我们的信念，为这种行为寻找借口。

我们喜欢将自己视为体面、善良、有道德的人，我们行事公正，不可能给无辜的人带来伤害或痛苦。因此，如果我们实施了喊叫、无视，甚至殴打等伤害他人的行为，我们的失调就会被激发。如果我们无法通过道歉或补偿来“收回”这一行为，解决困境的最简单的方式就是指出因为受害者太糟糕了，所以受到虐待完全是罪有应得。

9.2 认知偏见

认知偏见描述的是人们倾向于错误地依赖启发式，造成由于系统地远离最佳选择、赞成较差选择而导致决策失误的心理现象（Tversky & Kahneman, 1974）。

多年来，已经得到证实的认知偏差的数量巨增，似乎我们无法在日常生活中做出良好的理性选择。

罗尔夫·多贝里（Rolf Dobelli）（2015）在畅销书《清醒思考的艺术》（*The Art of Thinking*）中概述了近 100 种认知错误。他的观点可以总结如下。

认知偏差可以分为不同类型。它们可以由外部来源，如社会或群体因素等诱发。有时，我们只不过是糟糕的决策者，无法发现存在的误导信息，如边框效应、控制错觉，以及我们情绪的影响。

1. 社会影响力与群体

本质上，人都是极其以自我为中心的，并相信所有人都会且应该像我们一样思考，比如在涉及我们喜欢与不喜欢的事情上。这被称作错误共识效应，我们倾向于推断别人的喜好与我们相同，并且认为与我们存在冲突的人都是反常的。

我们周围的人与社会对我们的行为和看法会产生很大的影响。我们喜欢与别人比较。社会比较偏差解释了为何我们倾向于拒绝帮助他人，因为他人也许会超越我们。然而，不雇用比你优秀的人可能会导致“庸才当道”，为了保持优越感，你最终只能招到能力较弱的人。

我们同样具有寻求他人认可的强烈倾向。当我们身处与自己具有相似特征的人群之中时，比起群体之外的人，我们往往对群体之内的人更有好感。这种内部群体与外部群体的偏见，往往成为导致成见与歧视的原因。人们能够与自己的内部群体产生共鸣，并且会对那些看法和行为与自己不同的人产生敌意，没有真正或合乎逻辑的原因能解释这一点。这种寻求社会证据的行为使我们相信，当我们像其他社会群体成员一样行事时，我们正在做正确的事情。然而，尽管相信的人越来越多，但这并不是事实。就像不管有多少人相信地球是平的，地球仍是圆的一样。即使有 5000 万人在说愚蠢的话，仍旧还是愚蠢的。社会证据对我们来说可能是重要的，但它也仅仅会使我们感到安全。

寻求认可会弱化个体和逻辑思维。群思使每个人都很愉快，而没有人希望与团队集体意见相左。即使做出了错误的决定，人们通常仍会拒绝不同的意见，而保留团体的约束，以避免不和谐。在一个群体中工作时，人们也变得越来越懒惰，缺乏动力。社会惰化效应描述了当人们感觉到自己在一个群体之中，绩效被淹没时，个体是如何投机取巧的。在业务中，团队规模越大，成员的贡献就越小。

也许拥有权威的领导者会降低群思和社会惰化的风险，但权威人物也可以对个体施加巨大的影响，剥夺他们的自主权和自由意志。米尔格拉姆（1963）的研究是社会心理学中最具影响力的研究之一，表明普通百姓在面对权威人士的命令时会去伤害一个不认识的人并导致权威偏差。

一些营销人员巧妙地利用了社会影响力的作用。例如，喜好偏见阐述了我们更倾向于从我们喜欢的或者与我们有共同点的人那里买东西的情况。销售部门有效地利用了这种偏见，提高了产品销售。乔·吉拉德是美国有史以来最成功的汽车推销员，他表示："没有什么比让客户相信，我的意思是真的相信，你喜欢和关心他们，对销售更有效了。"（Girard & Brown，2006）

2. 框架

1981 年，特维斯基和卡尼曼展示了同一选择的不同措辞是如何影响人们的判断和决定的。先期启动也可能影响我们对后续选项的看法。

锚定描述了我们倾向于过度依赖所得到的第一条信息（即使是无关紧要的）来做出决定。学生被要求写下其社会保险号码的最后两位数字，然后猜测一瓶葡萄酒的价格。结果，数字较大者所估计的价值约是数字较小者的两倍。

框架效应对我们做出决定的方式非常有影响力。我们根据行文的不同感知信息。所以重要的不是你说了什么，而是你怎么说。当人们被要求选择"无脂肪 98%"或"1% 脂肪"的牛肉时，大多数人仍然表示，尽管脂肪含量较高，但前者看起来更健康。我们喜欢以积极和增益的模式框定的东西，而不是以消极和损失的模式框定的东西。人类是损失厌恶型的。我们看待收益和损失是不同的。失去 100 美元的损失远大于赢得 100 美元的收益。因此，我们更有可能采取行动以避免损失。情绪和感觉常常影响我们的判断。我们人类极大地依赖情感启发式去做出决定。我们做事情的情感因素决定了我们如何评估风险和收益。如果我们喜欢什么，那么其风险就很小，而如果我们讨厌它，那么其风险就很大。

3. 数值和概率

你认为通过逻辑和数值方式去做决定就可以避免上面提到的一些偏差吗？也许简单数学告诉你特维斯基和卡尼曼（1981）所使用的假设情景是相同的，但只考虑数值和计算并不一定会给你最好的选择。因为毕竟，你认为自己的数学有多好？

选择的悖论是一种现象，它描述了更广泛的选择范围如何能实际导致内部麻痹、较差的决策和不满。如果有更多的选择，我们实际上会感到不知所措，并且不会满足于只给我们几个选择。这也被称为决策疲劳，它表明做出决定会耗尽我们的精力和意志力。随着时间的推移，勇敢的司法裁决从 65% 下降到 0%，在停顿后又回到 65%，这表明我们很可能会在疲劳时选择现状。

我们经常认为自己是聪明的消费者，或是了解所有数值和价格的投资者。然而，一系列的认知偏差恰恰表明事实正好相反，事实上我们比自己想象的更不理性、更不合逻辑。在考虑事件时，我们可能会忽略任一基本利率信息。有时基本利率信息能起到非常大的作用，但是我们通常会选择更具体，然而相关性更少的信息。类似的偏差是赌徒的谬误，人们将不相关的事件联系在一起，就好像它们是一系列相互关联的事件一样。掷硬币 9 次，每次正面朝上的概率都不会增加或减少第 10 次正面或负面朝上的 50∶50 的概率，但是很多人都无法认识到每次掷硬币的自主性。

此外，我们很容易理解线性关系，却很难理解指数增长的概念。当以这种方式呈现数值和关系时，不要相信你的直觉，因为它可能是错误的。考虑一下这种情境。你有两个选项：（A）30 天内，你每天收到 1000 美元。（B）第一天，你收到 1 美分；第二天，收到 2 美分；第三天，收到 4 美分……连续 30 天。你选哪项？差异是巨大的：（A）你将赚取 30 000 美元，但（B）你将赚取 1000 万美元。

还有，我们会对事件的预期量级做出更多反应，而往往忽略其发生的概率。飞机失事的消息报道后，人们纷纷取消航班。但是，人们没有考虑到在一天之内安全着陆的航班数量。我们经常高估事件发生的概率（统计上通常不太可能发生）。

数值可以欺骗人。当数据显示时，我们应该始终留意任何潜在的欺骗性。我们需要特别留意平均值的使用，因为它们往往不能表明人口中任何异常值的存在。特别是如果人口基数相对较小（因此无代表性），统计数据就可能看起来非常有吸引力，但实际上它并没有提供有益的见解。一些公司或营销人员采用了一种聪明的策略，也被称为威尔·罗杰斯现象，以产生更有吸引力的数据来欺骗消费者。

现在，你还觉得你的数学很好吗？在解决问题时，我们常常依赖本能甚或简单的逻辑。尝试以下问题：

1. 蝙蝠和球的成本为 1.10 美元。蝙蝠比球多花 1 美元。球多少钱？是 1 美分吗？

2. 你再次从 A 到 B 旅行。从 A 到 B，你以 100 英里 / 小时的速度行进。从 B 到 A，你以 50 英里 / 小时的速度行进。你的平均速度是多少？是 75 英里 / 小时吗？

实际的答案是 5 美分和 66.67 英里 / 小时，但上面的答案很容易出现在你的脑海中。这表明我们不可信任简单的逻辑。给你一个提示：永远要拒绝首先进入你脑海中的容易的答案。

然而，做出决定并不容易。每一种情况都存在风险和不确定性，我们必须学会理性地考虑。不要对不确定性感到厌恶，如果你要明确地做出决定，那么就需接受不确定性。

人们经常犯的另一种偏差错误就是所谓的生存偏差。人们经常高估成功或生存的机会。然而，每一个成功故事的背后都隐藏着上百种不可思议的挫折和失败。如果你被人告知比尔·盖茨和史蒂夫·乔布斯甚至都没有获得大学学位，却依旧获得了成功，你要想想这个说法是如何被推广开来的。

结果偏差描述了同样的事情。人们倾向于将判断归因于决策的结果，而不考虑整个过程。但是糟糕的结果并不一定意味着决策也糟糕，同样，好的结果也是如此。

4. 变化

变化可能是好事也可能是坏事。有些人觉得他们可以且应该对事件产生影响。然后，当他们认为做比不做更好时，即使没有取得任何效果，也会犯行动偏差的错误。通常在一个新的环境下，采取行动可能不是最好的步骤，而推迟和等待也许会更好。

在另外一些时候，例如在无法脱身的困窘情况下，任何一种选择都会带来不幸，这时，我们经常会采取静止不动的策略，试图使自己远离这种局面。这也被称为省略偏差。在这里，什么都不做要比做事更好。有时，我们避免做出选择或决定，因为我们认为如果不采取行动，我们的选择将保持开放性。这种无法闭合往往会导致我们错过许多重要的机会。而不断追求对整体决策没有影响的其他信息也是有害的，因为拥有更多的信息和更多的选择会使决策变得更加困难，导致信息偏差。使用消除策略可能会在下次无法选择的时候简化决策过程。然而，如果你有敌人，那就给他信息。

许多人不喜欢变化。现状偏差描述了我们坚持当前默认选项的偏好，因为它为我们提供了安全和舒适的感觉。政策制定者、企业和营销人员都知道，我们不太擅长改变或重新订购。

我们不喜欢改变，因为我们经常担心会对选择感到遗憾。做出错误决定的感受往往限制了我们做出任何决定。当人们被问及因做选择而失去钱财，因未做选择而失去获利机会，这两者之间哪一项会给他们造成更大痛苦时，有 92% 的人选择了前者。

有时，对于遗憾的恐惧来自于相信资源有限且能人人获取。我们对一件物品的估价受到其现有数量和现实需求的影响。稀缺性错误解释了为什么限量版对我们更有吸引力。

我们对生活抱有一定的期望，如果事情不按预期进行，我们就会开始过度担心。即使很小的差异也可能引发过度反应。有些人选择了“事情一定是先变坏再变好”的谬论，医生经常这样预测。在开药时，医生常常会说明病情在好转之前会加重，因此，甚至加重的症状似乎也可以被视为缓解，因为其证实了医生的预测。然而，医生也有可能犯错，病情可能只是越来越严重，但我们没有能力去分辨。

有时意想不到的结果也可以是积极的。黑天鹅描述了可以极大地撼动你的生活、事业、组织甚至国家的奇异事件。这反映了我们不知道自己并不了解的事物，但是我们最终将会认识到它具有多大的影响力和量级。我们最终会知晓宇宙有多大，但是没有人能预见到10年前Facebook的崛起。

因此，过度思考对我们没有好处，并且有时会使事情变得更糟。一个经验法则是，如果面对的是你所经历过的某些事情，或者是你已经回答了很多次的决定，请跟随你的直觉和情绪去做决策。如果面对的是一项新的实践，请务必慎之又慎。

5. 为什么我们一直找借口

当事情出错，或者当情况没有变成我们所期望的那样时，为什么我们要用无休止的借口来证明它呢?

我们讨厌接受自己做出错误决定的事实。我们通常为我们的行为、选择寻找借口。但是，有时我们知道自己已经错了，却为时已晚。那么，我们该怎么办呢?

有时，我们应该这样考虑：每个事件之间都是独立的。我们需要接受的是，有些事对于别人的意义也许不如对于我们而言重要。沉没成本谬论描述了人们是如何在进展不顺利的事情上继续投入大量的时间、精力和资源的。投资本身成为坚持的理由，因为我们不想承认自己做出了错误的决定。这就解释了为什么我们需要忘记过去，因为给予更多并不能保证我们获得预期的回报。我们必须接受成本已经沉没的事实，这意味着支出是过去发生的，我们不应该将其与现在联系起来。

类似于沉没成本谬论，禀赋效应描述了一旦我们拥有某件物品，就会想办法认为其更有价值。我们赋予物品意义与价值。我们变得情绪化，并高估其价值，但我们很少了解到别人的感受是不一样的。一位讲师向学生们提供了棒球门票，并问他们门票值多少钱。没有拿到票的学生平均估计约为170美元，而拿到票的学生平均估计约为2400美元。

心血辩护说的是，当我们看到一项任务或一件事情更有价值时，是因为我们已经为之付出了很多的努力。这是一种认知失调的形式。一个例子是宜家效应：我们自己制作的家具似乎突然比昂贵的设计师的作品更有价值。这是因为我们认为自己创造的任何东西都无与伦比，并且我们抵制那些“不是在这里发明的”物品，这意味着我们表现出对变革和外来观念的抗拒，更喜欢自己创造的物品。

当我们感觉到我们的认知不一致时，就会出现认知失调。有时我们明白，我们没有必要为某件物品支付金钱，或者说它的价值不如我们所认为的那么大，但是将其合理化会使我们感觉更好，购买也似乎更为合理。就像《伊索寓言》中的狐狸和葡萄，当我们不能赢得拍卖品时，我们会将目标视为“酸葡萄”，这样会使我们感觉更好。

怎样去避开这些潜在的偏见呢？也许，如果我们先认识到合理化机制的客观存在，就可以避免了。

赢家诅咒表明，拍卖的获胜者实际上是输家。这是因为他们参与了一场赢得拍卖品的战斗，他们觉得已经如此接近获胜了，于是便会付出得越来越多，以争取实现这一目标，因此他们花费的金钱要远远超出预期。人们会迷恋禀赋效应，因为人们再次高估了物品的价值，而且付出的代价远远超过了这一价值。双曲线贴现描述了一种类似的现象：人们愿意放弃更多，以提高奖励的即时性。我们越是忽略双曲线贴现并延迟我们的满足，我们就越能控制自己的冲动。

6. 不要成为迷信的鸽子

正如第 4 章所讨论的那样，不管听起来多么愚蠢，人类与斯金纳的鸽子一样迷信。我们不断推断环境和事件之间的关联和因果关系。事实是，我们往往只是将幻觉聚集在一起，描绘出虚假的因果关系。1994 年，黛安 • 杜埃尔发现，她在烤面包片（在咬了一口之后）上看到了圣母玛利亚的面孔，从而表明了与奇迹般的宗教信仰之间的联系。这个故事引起了媒体的高度关注，使得这一面包片在 eBay 上获得了 170 万次的点击量，并最终以 28 000 美元的价格售出。这类现象也被称为关联偏差（当涉及情绪时，其被称为传染性偏见）。

你可能会想，这些人真傻，但人们会将随机模式与神秘力量相关联，这意味着我们无法区分因果方向和因果关系。我们也具有使用归纳推理并从单个描述或实例中提取通用规则和定理的倾向。但是，任何不符合规则的错误观察，都足以根除整个理论。

我们需要接受有时事情的发生只是巧合的现实。以符合我们理解和信念的方式来解释事件，可能会导致错误的因果关系描述，以及形成确认偏见。我们相信我们自省的内在信念远远超过他人的外在信念。因此，我们把别人的信念视为不可靠，特别是如果他们不同意我们“明显正确”的信念时就更是如此，并认为他们是无知、愚蠢和充满恶意的。

你听说过初学者运气的概念吗？你相信吗，还是认为这只是巧合？最初的成功可以诱使我们继续投入更多的资源进行冒险。但这可能会带来灾难。我们应该时刻提防那些开门红的事项。最好在得出结论之前先观察和等待。

强拉因果关系的错误是显而易见的，但在许多人的日常生活中，这似乎是合乎逻辑的。“哈佛让你更聪明吗”这个问题可以用来证明这种错觉。这种认知错误被称为游泳者身体偏差。人们经常将选择标准与结果混为一谈，但如果某样东西符合某种特定的质量，那么它就不需要确定特性。哈佛等许多精英大学被公认为是最好的大学，也许并不是因为它们拥有教学声望，而是因为它们只接收最聪明的学生。

类似地，当一个奇异的方面让我们眼花缭乱，使我们看不到整个面画时，光环效应便产生了。哈佛培养的一些最聪明的学生妨碍了我们对其教学质量的思考。我们倾向于更多地关注信息的某些方面，而不考虑其他方面。

7. 幻觉还是妄想

人们常常认为，他们对行动的控制力远远超过实际表现，而且他们所掌握的知识比他们实际上了解的要多。但是，这会使我们更容易做出错误的决定。

有这样一个故事。每天早上 9 点，一个男人会站在广场中央挥舞红帽子。有一天，警察驻足问他为什么要挥舞帽子。“把大象赶走。”“但是这里没有大象。”“那一定是我的工作做得好。”控制的错觉会导致我们表现出不同的行为。

事实上，我们的控制力比我们所想象的要小，特别是涉及未来时。先知和专家们每天都在预测和憧憬着未来。泰罗克（2005）花费了 10 年时间才发现，自我标榜的专家过往给出的预测只比随机预测生成器给出的预测稍微准确一点。尽管如此，预测错觉已经引导许多人做出了决定，这些决定的准确性不见得比随机几率要高。

当我们有能力做出合理的决定时，往往会忽视运气和机会的力量。只依靠技能和才能就可成功的信念是虚幻的。有时我们只需要一点儿运气，就能得到我们真正想要的东西。

8. 拖延

我们是天生的拖延者，你我都是。我们倾向于对不愉快、困难但重要的行动予以拖延。我们挑拣并选择我们想要做的事情，而经常让重要的任务搁浅在那里。我们知道这不是一个好习惯，但我们从来不吸取教训，并且仍然这样做。

我们倾向于高估我们的能力，对我们荒谬的计划雄心勃勃。对于我们自己制定的每个待完成事项列表，我们中有多少人可以真正完成？为了避开这种过度自信偏差（或战略虚假陈述），我们必须学会对自己的能力和时间安排做出更加现实的判断，也可以将外部的一些实例作为我们较好地完成工作的现实标准。

当成功的时候，我们自私地将功劳归结于自身，但当失败的时候，我们就选择责怪别人。这种自助偏见导致我们高估了自己的贡献。我们经常会选择适合自己的事情，而隐藏那些不适合的事物。但是，我们并没有注意到其他人也在帮助我们做事。基本归因错误可能导致我们低估外部力量和环境的影响。例如，某人以某种特定方式行事，其原因不在于他的内在属性，如个性，而在于其他外部决定因素，如对等压力。另外，我们需要特别注意这样一种情况，即事件的发生呈现出由单一原因所引发。我们应该警惕这类有效性和可靠性，因为它是一种古老而危险的谬误，常常导致替罪羊和责备的产生。

9. 知识

灵媒是真才实学还是欺骗迷惑？在第 4 章中，我们讨论了如何运用海曼（1977）的 13 条规则，成为有说服力的灵媒或算命先生。不要错误地认为表演者的炫耀或表演代表了他们拥有真正的知识。

有时候，即使是真正的知识也是不可转移的，而且是和领域相关的。即使是类似的概念，在两个不同的领域也会有不同的含义。投资者可能对金融业忽视基准利率有着深刻的理解，但对生物学中的相同概念却感到困惑不解。我们也不鼓励跨领域转移知识。职业变形偏见描述了专家在没有保证的情况下尝试应用他们的技能的情况。他们只会专注于可能与他们的职业相关的细节，就像那些挥舞的锤子只看到指甲一样。

10. 情绪与情感

显着效应表明了情绪细节是如何吸引更多关注的。有时候，突出的功能可以抓取我们的注意力并吸引我们的目光。它们获取了比它们应得的更多的关注，最终使我们对信息的真正相关性感到茫然。思考以下两个句子，判断哪一句你可以记得更好：（A）“国王死了，然后王后死了。”（B）“国王死了，然后王后死于悲伤。”大多数人会选择后者。第一句描述了两起相继发生的死亡事件，而第二句在情绪上有联系并具含义。虽然前者句式更短，应该更容易被记住，但我们的大脑不会那样工作。故事吸引我们，给我们提供了一种虚假的意义和理解，这被称为故事偏见。

在营销和广告行业，一些营销人员故意将他们的产品与性别相关联，以促进销售。他们试图引起我们的关注，并在我们的记忆中种植他们的产品。这样起作用吗？有人说，只会在一定程度上起作用。下一章将进一步讨论这个话题。简单增加一项情绪元素可以使同样一个故事更令人难忘。给一个故事安排一个人物或将故事个性化会产生同样的效果。数字和图表显得冷冰冰，但是如果在数字的另一端看到一张人脸，就会诱发强烈的情绪反应。对遇到的人所讲的故事要当心。一定要寻求事实和统计数据；不要被带有情绪或情感的内容带偏，并做出非理性的决策。

9.3 行为经济学

行为经济学是一个广义的术语，可以定义为经济学理论在心理学中的应用。最好将其理解为一种利用心理学和经济学理论的跨学科方法。有两种经典观点已被采用，每个领域都有一种观点（见图 9.3）。

经济学家		社会心理学家
传统上认为，人们的主要兴趣是获得最大收益。于是人们，在一定的基本假设的基础上构造他们是如何期望某些行为和决策定发挥作用的模型。	VS.	不同意人们做出理性决策的看法。他们指出，大量文献提供的证据表明，人们往往会违背理性原则。

图9.3　经济学家与社会心理学家的观点（Gilovoch，1991）

心理学家和经济学家不认可两个领域之间的相关性，他们认为经济理论预测平均行为而非个人行为，并且任何一致的行为都可以被描述为理性行为。

在行为模式和经济理论这些基本概念的基础上，变革理论得到了发展。这些理论试图解释行为是如何发展和变化的。

行为经济学的基本模型都围绕着在心理学中运用经济学理论的中心思想。例如，在决定度假目的地时，你可以考虑以下因素：希望看到的景点，花费多少，时间，天气，享受程度等。你会为每一项因素分配优先级，并根据哪个结果可以让你以最佳方式实现优先级来做出决策。这被称为期望效用理论。

仅仅基于此，人类行为的基本驱动因素之一就是动力；它激活了人类的行为并指明了方向。正如这个模型所证明的那样，大多数经济学理论都认为人类有动力最大化其效用，同时在预算约束下运作。然而，这并没有考虑影响和塑造决策过程的诸多因素，并最终做出终极决定。

行为经济学已经能够描述和解释使我们走捷径，并犯下逻辑性错误的过程。它从根本上指出，通过采用经验法则，人们可设法简化并加快日常决策的过程。

行为经济学将心理学和经济学作为其知识基础。它旨在了解人们如何进行选择、处理，并依据金融（及其他）信息做出决策。

在为什么这么多看似受过教育、掌握信息的人们会在涉及金钱的问题——借贷、投资、储蓄和消费——时做出奇怪的、不合逻辑的或非理性的决定这个问题上，它提供了深刻而简明的信息。

人们对自己的钱会做出理性决策，这一点在经济学中不言自明。经济学家认为，我们（总是）知道我们想要什么，怎样做对自己有利，我们知道如何得到所需之物。人们会在追求个人满足、运用个人资源获得最好的生活时进行成本效益分析。

经济学家受到了某些经济行为的挑战，他们认为这些行为并不容易解释：人们为什么要给小费？为什么现金消费的方式不同于信用卡？为什么会保留利率跟不上通货膨胀率的储蓄账户？

行为经济学诞生于20世纪60年代末，其实验表明人们不了解基本的统计学现象（均值回归；样本量的重要性）。该领域的先驱——阿莫斯·特沃斯基和丹尼尔·卡尼曼——探讨了人们用来思考自己的钱和其他相关问题的判断启发式或心理捷径。

前景理论是一种描述包含风险的备选方案之间的决策的理论，即结果不确定的替代方案，其倾向性是已知的。该模型是描述性的：它试图对现实生活中的选择建模，而不是建立最优决策模型。人们确定哪些结果与他们所认为的基本相同，然后他们就将其设置为基准点，并将低于基准点的视为损失，将高于基准点的视为收益。这条S型曲线的不对称性证实了沃伦·巴菲特的结论："损失获得的情绪反应是收益的两倍。"这说明人们在涉及收益时会规避风险（明哲保身），但在涉及损失时会规避损失（赌博以避免损失）。

对于个人投资者而言，股票购买价格是他们做出所有决定的参照点。因此，他们往往会在略有收益之后便将股票出手，或者在认为损失是暂时的时候，继续持有股票。正如我们多次见到的那样，市场往往对坏消息反应过度，并刺激售出。损失的恐惧会被夸大。

前景理论的一个重要含义是构建风险情境。下面的示例强调了框架对人们的影响。

研究人员要求参与者将自己想象为一位科学家，正在为应对一场预计将杀死 600 人的不寻常疾病的爆发而工作。已经提出了两种对抗疾病的方案。第一组参与者要在两个方案之间做出选择。

方案 A：“拯救 200 人。”

方案 B：“600 人全部获救的概率是 1/3，无人生还的概率是 2/3。”

72% 的参与者选择了方案 A（剩下的 28% 选择了方案 B）。第二组参与者要在如下两个方案之间做出选择。

方案 C：“400 人将丧命。”

方案 D：“全部获救的概率是 1/3，600 人生还的概率是 2/3。”

在这一框架下，78% 的人选择了方案 D，其余的 22% 的人选择了方案 C。然而，方案 A 和方案 C、方案 B 和方案 D 的有效性是相同的。两组参与者之间决策框架的改变造成了首选项反转：第一组首选了方案 A / C，而第二组首选了方案 D / B。

艾瑞里（2008）认为，“可以预见”人类是“非理性的”，我们会不断重复同样的谬误。肖内西（2013）总结了艾瑞里的 13 条调查结果。

1. 我们总是会比较并在看似风马牛不相及的选择之间制造联系。我们喜欢从相对的角度来思考问题。一个例子就是，在之前的两个选项之中添加了第三个“豪华”选项，这给了我们一个艰难的决策时间。一个选项的功能稍微贵一些，但更有吸引力，而另一个选项则相对简单，但更便宜，我们会突然自动选择第二个选项。从相对和比较的角度思考问题，显示了我们会变得多么没有理性，尽管之前的两个选项似乎对我们具有同样的吸引力。

2. 锚定效应描述的是消费者对于商品预期价格的感知，这种感知不会轻易受到影响。公司经常会宣传他们的商品具有较高的价值，以此在消费者中锚定其具有较高性价比的感知。当成本与消费者的理念相符时，他们更有可能购买该商品，而不会购买比他们的锚定价格更高或更低的商品。举例来说，如果奢侈品在超市甚至便利店出售，实际上会降低消费者的购买意愿，即使这样做的成本更低。

3. 对于许多人来说，“免费”或“零”条件下得到某样东西的想法极具吸引力。艾瑞里认为，我们天生就害怕别人提供免费的东西，因此会被这个想法吓坏。当亚马逊开始提供免费标准购物服务时，其销售即刻获得了增长，这表明人们愿意等待一段时间，只是为了免费获得一些东西。

4. 艾瑞里认为，我们基本上生活在两个不同的世界中，一个是由社会规范来主导的，而另一个则是由市场规范来主导的。他认为，有时我们会很高兴为某个理由，而不是为钱去做一些事情。换句话说，是社会规范，而不是市场规范具有更大的力量，可以激励我们以某种方式行事。但是，市场规范绝不应该被用来限制或胜过社会规范，因为人们将不再看到遵循社会规范的必要性。

5. 情绪唤起能够影响我们的决策。情绪高涨时，我们会做出许多鲁莽的决定。仅仅因为我们认为自己在正常的情绪状态下不会做某些事情，但这并不意味着当我们被唤起时，这种情况不会发生改变。

6. 我们都存在拖延和自控的问题。艾瑞里发现，学生往往在意识到截止日期临近时才会表现得更好。我们也存在自控水平不足的问题。有些人提出可以借助技术手段来帮助我们控制冲动，这可以说是向前迈进了一步。

7. 禀赋效应描述了当我们拥有一件物品时，我们对于它的估值就会提高。因此，拥有某件物品会使我们比其他人高估物品的价值。前面提到的宜家效应就描述了人们是如何更容易感到满足的，并为需要他们自己组装的家具支付更多的金钱。人们觉得如果自己完成一件产品，那就意味着对产品拥有更大的所有权，这在现实中可能显得矛盾。

8. 艾瑞里认为，利用排除法进行选择往往能最大限度地提高我们的最终收益。然而，在现实中，人们往往喜欢留有选择的余地，因此常常会偏离真正的目标。在他的研究中，学生们会继续花钱，以便在虚拟游戏中保护门户开放，这表明他们不想被告知自己的选择正在减少。

9. 期望能够影响我们对项目和事件的看法和体验。研究发现，当人们被告知一些事情令人厌恶时，大多数时候，人们最终会达成一致意见。

10. 安慰剂效应指的是一个人相信他被给予了改变其身体或心理状态的有效治疗（通常是药物），实际上这些治疗却是假的（例如，只是葡萄糖丸）。艾瑞里认为，价格也具有与安慰剂效应类似的影响。当人们被告知已经花了很多的钱，或是购买了一种顶级药物时，他们更有可能随之感觉更好。但是，当人们被告知需要考虑价格和质量之间的关系时，这种效应就会减弱。

11. 艾瑞里发现，只要有机会，许多诚实的人也会撒谎。他在实验中使用了几种方法，试图提醒人们要保持道德，比如督促学生签署荣誉守则。

12. 人们发现，学生会毫不犹豫地从公用冰箱中取出一罐可乐，但是却不会拿走到处乱放的钱。艾瑞里认为，这是因为只要不涉及金钱，欺骗和偷窃行为就会容易实施得多。

13. 人们愿意牺牲自己的选择，向别人投射某种形象，尤其是那些需要独特性的人，他们也许会为了获得声誉效用而牺牲个人效用。

丹尼尔·卡尼曼（2011）对于成为行为经济学基础的认知心理学与社会心理学进行了巧妙的总结。他区分了两种类型的思维方式：快与慢，或者说是系统1和系统2的思维方式（见图9.4）。

系统1
—快速、直观、依赖启发式
—自动、无须多大努力、懒惰

系统2
—缓慢、专注付出、深思熟虑、更有逻辑/理性
—需要更多关注与认知参与

图9.4　系统1和系统2的思维方式

系统1意味着懒散，而系统2则意味着更敏锐、思维活跃、持怀疑态度且更理性。系统2涉及不同的能量形式，但是随着人们对任何任务的熟练程度的提高，他们对于能量的需求也会减少。系统2的思维方式会让你忙碌不已，耗尽你的意志力。人们发现在认知上下功夫会令人不快，并尽可能地回避。然而不可回避的是，聪明的人可能更擅长慢思考与严苛的计算，但这并

不意味着他们不会产生偏见与懒惰的思想。

贝尔斯基与季洛维奇（1999）在畅销书《半斤非八两》（*Why Smart People Make Big Money Mistakes*）中讨论了七类典型问题。

1. 并非所有的金钱都被认为是平等的。这也被称为心理账户（mental accounting）或可替代性（fungibility），表明人们在界定金钱和使用金钱的方式上存在不同。人们也许会花掉从轮盘赌、薪水、退税或是幸运基金中获得的 1000 美元。当人们获得奖励、礼物或 200 美元奖金时，他们反而更有可能把钱花在一些无关紧要的事情上。同样，使用信用卡与现金（尤其是低面值的钞票）在购物时的感受不同。人们往往更容易草率地花掉退税金或礼金，并且使用现金也与使用信用卡非常不同。这使得人们会轻率地对待意外之财、被遗忘的现金、被重新找到的存款等。同样，在月底不还债的情况下，让储蓄获得低利率，而用信用卡“借款”是不明智的。

2. 我们对待损失和收益的态度完全不同。人们的决定会受到他们描绘或描述情况的方式的强烈影响。人们更愿意用冒险来避免损失，而当获利的机会来临时却变得更加保守。同样多的痛苦与同样多的欢乐会带来完全不同的影响。这就是厌恶损失的心理。对于损失的过度敏感意味着人们可以迅速对股市的下跌做出反应——甚至反应过快。另一方面，抛售股票或债券（制造亏损基金的痛苦）使得一些人更愿意冒险保持投资，即便其价值持续下滑。对于损失的过度敏感也意味着人们会追求某些收益。

行为经济学家已经证明，厌恶损失和我们无法忽视沉没成本，意味着人们往往会做出不明智的举动。但和这也解释了为什么人们没有在该出手时出手。我们有时会在面临选择时不知所措；由于对不得不做出决定感到无能为力，实际上我们会推迟做出决定。

3. 我们也会有不作为的倾向。我们也会选择维持现状——什么都不做、抗拒改变、不愿打破现状。禀赋效应特别有趣，它指的是人们会高估自己所拥有东西的价值。这也是组织允许试用期和退款保证存在的原因。行为经济学家的建议很简单。决定不做任何决定本身就是一项决定。所有决定都存在机会成本。试着重新定义一个问题：做一个唱反调的人。

4. 金钱幻觉与巨大偏见。当我们将货币的名义变化（上升或下降）与实际变化（例如，通胀或通缩的函数）混为一谈时，这个问题就典型地出现了。问题在于当前货币的购买力，而非实际数额。与此相关的是基准利率的概念：人们购买彩票的事实，由于中奖的实际几率，被描述为“向傻子征税。”人们只是无法理解通货膨胀与购买力之间的关系。许多人忽视或不重视人们收取的各种费用 / 佣金，并且他们并不真正了解复利。行为经济学家警告人们，在做有关金钱的决策时，不要被短期的成功所打动，不要在赚钱的时候忽视细节。

5. 锚定与确认偏差。这很简单，就是一种普遍而强烈的倾向，即抓住某个想法 / 事实或数字，并将其作为未来决策的参考点，而不管它是否相关。当然，我们会在无法掌握大量相关信息（如国外的酒店费用等）时，尤其容易出现锚定。

更糟糕的情况是确认偏差，它同样会导致人们根据不重要或不相关的信息做出重要的资金决定。这是寻找、以不太挑剔的方式对待、过分和不公正地被证实了的属于你的偏好和偏见的信息所打动。警告信号包括对于自己讨价还价和谈判的能力有些过于自信；未做多少研究便做出重要的资金决定；发现以低于你支付的价格出售投资变得越来越困难。贝尔斯基与季洛维奇（1999）建议人们扩大咨询的范畴，要表现出谦卑的态度。

6. 过度自信是人们常会落入的“自我陷阱”。太多的人其实不知道他们在财务问题上所知甚少。他们觉得自己无需听取专家的意见便能出售自己的房子、进行大规模的投资。一些人坚信自己能够战胜市场，但是却不清楚或不了解他们实际的投资回报。他们似乎认为在他们自己了解的领域投资便可以确保成功。这真是一个“投资者：了解你自己”的例子。

7. 通过小道消息获取信息、过分依赖他人的财务动向，是记录在案的最后一个“巨额资金错误”。这与随大流进行投资、（愚蠢地）遵照他人行为行事有关。当人们投资“热门股和股票”时就会出现这种现象；股票上涨时买进，股票下跌时卖出。这是因为过度依赖同事、朋友、记者及财务顾问的想法。这里的建议就是“加快速度但依然需要等待”；不跟风，“不理会噪音”，真正寻找机会做一个逆向投资者。

贝尔斯基与季洛维奇以“思考的原则”作为他们图书的结尾。

9.4 结论

人类是非理性决策者。经济学家认为，我们会选择能够实现收益最大化的行事方式，但是心理学家却告诉了我们一个截然不同的描述。正如本章所讨论的那样，我们所犯的各类认知偏差表明，我们比自己所设想的更容易受到不同的内部因素和外部因素的影响。

人类并不是优秀的决策者。我们会在做出决定时犯下大量认知偏差与谬误。我们依赖启发式与直觉。我们会受到他人、我们自己的情绪，以及预先存在的信念的影响。由于担心会后悔，我们一直举棋不定。而且我们数学不好，也不像经济学家所预测的那般讲求逻辑、具备理性。心理学家一直努力想要确定我们所犯的谬误。然而，理解并不意味着就能减少它们的发生，这意味着这些谬误也许在人性中根深蒂固。

/ 第 10 章 /

市场中的心理学家

10.1
引言

消费者心理学是心理学中相对较新的一个领域。1960 年，美国心理学会（APA）消费者心理学分会成立。消费者心理学汲取了诸如认知心理学、社会心理学、记忆与决策等众多领域的知识，旨在研究消费者如何在个体与社会背景下做出购买、消费，以及处置的决策，从而满足其欲望和需求。

消费者心理学的发展反映了 19 世纪末和 20 世纪初美国与欧洲的广告及商业部门的发展。多年来，消费者心理学的研究方法受到了不少心理学流派的影响。例如，唯心主义强调通过对受试者进行内省观察来解释其行为。消费者心理学的先驱之一雨果 • 明斯特伯格（Hugo Munsterberg）（1909）坚持采用这种做法，并主张对商业与工业中的心理状态进行研究。后来，行为主义也促进了消费者心理学的研究。其他心理学家则就画面大小与字体颜色等广告元素对行为所产生的影响展开研究，并将重点放在了购买行为而非消费者内省上。随后，弗洛伊德的心理动力学也进入该领域，主要研究无意识的基本动机对于以目标为导向的消费者行为的影响。

由于广告、产品，以及消费体系已经在过去的几个世纪中发生了变化，为了适应在不断变化的市场趋势中所涌现出的新的研究问题，消费者心理学的研究方法也产生了变动。技术的发展也推动了新研究的出现，如虚拟社区与社交网络对消费者行为的影响。与此同时，广告效果等消费者心理学领域的早期基础研究课题依然具有重要意义。

10.2 个体消费者

消费者是消费市场的核心，产品、服务、广告与品牌化的目标都会对消费者施加影响。多数研究集中探索个人如何做出消费决策。那么，首先，人们是如何成为消费者的呢？

发展心理学家让·皮亚杰（1983）通过认知发展理论来解释儿童的社会发展。该理论在理解消费者社会化这一方面尤为有效。

根据这一模式，儿童在经历了消费者社会化的三个阶段后，才能在行为上表现出与成人之间的相似性。这三个阶段分别是感知阶段（3 ~ 7 岁）、分析阶段（7 ~ 11 岁）与思考阶段（11 岁至成年）。经历了这些阶段之后，儿童能够掌握关于产品和市场结构的知识与决策策略。

1. *感知阶段*。在这一阶段，儿童眼中的世界主要指向周围可观察的具体特征。他们开始了解零售、商店及广告的概念，但是从本质上来说，这些知识结构仍然十分肤浅。他们无法掌握广告的深层意义，即说服并鼓励他们购买产品。这一阶段的孩子已经开始表现出品牌偏好，尽管这种偏好大多与显著的视觉属性，如产品的颜色和包装而非耐用性这类基本属性有关。一些儿童会将实体商品视作彰显人格并在同龄人中显得“很酷”的手段，尽管他们所看重的只是大小或数量等简单的显着属性。

2. *分析阶段*。7 ~ 11 岁的儿童能够更好地理解广告。他们开始明白，广告的目的是说服观众。儿童的分析手段也开始由对产品进行分类这种简单的感性方法转变为融合基本因素的综合方法。品牌的象征意义，如代表产品的质量及品牌所有权与消费者的社会内涵等，开始取代他们之前对于品牌的纯粹的知觉辨认。儿童开始形成为了协助他们进行决策而收集产品与服务信息的技能。在这个阶段，儿童开始逐渐理解产品所有权的社会意义与象征意义，从而导致社会动机型消费模式的兴起。

3. *思考阶段*。青少年在思考阶段成为了充分社会化的消费者。在这一阶段，他们对广告意图的认识将得到进一步的发展，他们能够识别广告商所使用的特定偏差与策略。青少年进一步全面了解品牌意义的社会内涵。他们开始意识到，可以围绕与自己类似的品牌消费模式建立起许多附属关系与社区，他们会加入其中并创建新的内容。为了做出消费决策，他们将继续从不同信息源收集资料。现阶段，同龄人与朋友是他们主要的消息来源。青少年在该阶段所采取的决策制定策略，使他们可以通过选择性信息处理等应对机制顾及不同情境中更多的复杂选择。

消费者社会化的这三个阶段可以很好地概括理想消费者的形成过程。然而，该模型却忽略了那些可以促进消费决策与行为的相关个人能力，因此许多人对其可信度提出了质疑。

尽管皮亚杰的模型展示了我们如何自小形成了对于消费的理解，但是各类群体对此的关注度却在不断增加，因为他们发现年轻人易受诱惑，而一些营销人员又极具欺骗性。

10.3 儿童与广告

销售人员曾因为在上门推销时对不知所措的老人进行恐吓而遭到指控。现在，人们开始对高利贷感到忧心忡忡，这是因为一方面放贷者的利率高得惊人，而另一方面急需现金的人却对其不甚了解。

某些客户，尤其是年轻消费者比其他人更容易上当受骗。但是，怎样才能阻止营销人员去诱惑年轻人将所有积蓄全都花在不必要的产品上呢？如何确保儿童能够真正按照消费者社会化模型所描述的方式健康成长？教育的责任应该落在谁的身上？

容易受骗就意味着与普通人相比，一些人更容易在销售人员或广告的高压之下受到影响。然而，有一些问题不允许我们就此得出一个简单有效的定义：易受骗性是一种相对的维数测量结果而非二分法指标。

与儿童广告相关的论文大量涌现。研究人员、社会政策专家、檄文执笔者，以及消费者维权组织往往十分兴奋而非理性地考虑广告，尤其是电视广告对儿童的影响。两大对立阵营由此形成。教育工作者与立法者在其所引用的数据、详述的论据，更重要的是，在他们希望能够获得通过与拒绝的法律条款等方面存在巨大差异。

针对青年的广告和营销是一个以激愤与理解为特色的社会政策问题。学术研究员与政治研究员认为，对于集体活动家而言，试图从可以说服年轻人以特定方式行事的首选方案中分离出实证研究结果这项任务同样困难重重并且压力巨大。随着时间的推移，逐渐形成了两个具有迥异的意识形态的对立组织（见表 10.1）。

表10.1　教育工作者与立法者的不同方式

	教育工作者	立法者
政治上	右翼 利商	左翼 反商
哲学上	描述性 个人主义 经验主义者 谨慎	规定性／剥夺性 集体主义 后经验主义者 确信
研究上	必要 实验 学术期刊 旨在理解	可选 调查 新闻发布会、政策文件 旨在实施

这两个组织不仅在广告问题上采取了迥异的做法，在普遍的社会问题上亦是如此。意识形态的差异使得他们不可避免地选取可以支撑其立场的证据。然而，两者却面临着同样的问题，即他们都强烈倾向于对复杂问题进行简化。这里最重要的问题就是，当年轻人在决定自己的购买偏好、需求与行动时，最强大的影响因素究竟是什么？

这个问题涉及谁最适合决定年轻人可以或不可以观看的广告类型：是年轻人自己、他们的父母还是政府。鉴于年轻人的理解能力与经验不足，人们显然反对将选择权交给他们自己。同样，人们也可以争辩说，政府无权让儿童接触促销信息并破坏家庭和睦。因此，帮助儿童理解道德、社会与经济世界，并且规范消费者社会化的重任便落在了家长这个最显著、最重要、最强大的群体身上。

在限制儿童接触广告这一问题上，这两个对立组织也采取了不同的立场。保护主义者认为有必要通过立法来管理广告，而社会有责任“保护”年轻人避免遭受来自广告商的伤害。出于两项原因的考虑，持反对意见的教育工作者不同意禁止与严格限制广告。

首先，儿童需要接受教育，禁播广告只会剥夺他们了解消费者、掌握相关知识的机会。他们会因此变得更加幼稚，无法理解或有效应对新的消费社会。其次，根据实验数据，广告显然并不是偏好与销售的唯一决定因素，即便是 8 岁的儿童也是复杂的媒体消费者。

10.4 敏感性

本节将探讨三种类型的敏感性。

感知敏感性

从本质上来说，感知敏感性就是理解何种货物以何种价格、何种条件出售。它与教育、智力、母语、文化和年龄等诸多因素有关。老年人存在听力与记忆方面的问题。许多人也许很少接触金融词汇。如果（在这种情况下）他们的母语不是英语，或者他们来自销售规则迥异的文化环境，那么这个问题就会变得更加复杂。上门推销往往会使事情变得复杂化，因为许多复杂的规则都在指导人们如何对待出现在家中的陌生人。

年轻人并没有多少市场与消费经验。某些公司经常故意使用一些并非人人都懂的术语，令客户感到困惑。这些公司往往行事十分谨慎，从不违反法律规范，因而消费者几乎无法发现任何欺诈行为。

我们在前几章提出了一些与不准确的"心理学"知识相关的误区，其中就包括未获得任何实证支撑的潜意识广告。这种想法认为，通过快速地闪烁图像与词语，阈下知觉可以影响一个人的态度、信念、选择与动机，并诱使他们做出购买决定，因为这些信息已经在我们毫无察觉的情况下悄悄进驻了潜意识。但是心理学家会告诉你，潜意识广告并无多大用处，至少不足以让你在梦游期间购买某个特定品牌的产品。

然而，优秀的理论不会因为缺乏证据而销声匿迹。多年来，记者与畅销书作家均认为，一些甚至多数广告都暗藏着情色图像，或是能让我们更容易受到影响的特定品牌名称或信息。因此便出现了这种吸引眼球、偏执多疑却又毫无证据支撑的误区：聪明（邪恶）的广告商可以通过广告中的阈下信息，让你做出有违理智、意识或意愿的决策。

20 世纪 50 年代末到 70 年代中期，《潜意识的诱惑》（*Subliminal Seduction*）与《媒体的色情利用》（*Media Sexploitation*）等书籍的出现使这种见解在公众之中长盛不衰。人们显然很乐意读到善于操纵人心的邪恶科学家与贪婪且愤世嫉俗的广告商携手合作的故事。购物狂、自杀及性功能障碍都被视作这种阴谋带来的后果。

但是，聪明的销售人员确实在公众这种容易上当的特性中发现了积极的一面。他们在研究中发现，潜意识广告不起作用，它既不合法也不合逻辑。但是，为何不将整件事情颠倒过来，公开销售这种技术呢？说变就变！我们拥有阈下听觉自助磁带。

这类号称可以带来巨大的精神与心理健康变化的磁带很快上市。只需在睡觉时打开录音机，你就可以成功减肥、改善性功能、戒掉烟瘾与咬指甲等陋习，克服飞行恐惧症。磁带的形式各异，其中一些被设计为需要在清醒状态下使用。但是它们都含有你无法察觉却可以改变你的生活的嵌入式阈下信息。

磁带为我们提供了一条通向本我——弗洛伊德用以描述原始人格面具的概念——一口盛满沸腾的兴奋之情的大锅——的通道。据说，它们可以触及人性的最深处。尽管科学家对这些声明进行了仔细测试，但是悖论却就此出现。科学的证据往往充满告诫之词，而且不会使用易于理解的日常用语。科学家的论文只是写给同行阅读的。也许科学家们一致赞同获得了证据支持的看法，即阈下磁带所号称的疗效具有欺骗性，但他们却似乎无法很好地向人们传达这条信息。

另一方面，精明的磁带生产商已经委托广告代理机构设计了新的广告宣传。强势的广告宣传采用了科学术语与图像，经过反复宣传，这一误区得以成功延续。传统广告成功推销了不具备说服力的阈下磁带，这实在可以说是一种讽刺。怀疑论和科学很难击败伪科学与迷信。

然而，最根本的无疑是敏感性的水平。这也是优秀的公司与法律可以进行干预的领域。公司可以且应该在向具有潜在敏感性的顾客进行销售时做一些事，例如考虑销售状况：销售地点、社会规范和惯例，以及个人所能承受的压力等。但是，公司可以在预约或确认销售预约时相对容易地进行明智、敏感的制衡。这便给我们提供了一个提出一些不太唐突的问题，借此识别、感知敏感的人的绝佳机会。

公司可以在深思熟虑并测试脚本时确保其已经根据客户的感知敏感性对客户的风险承受力进行了分类。例如，可以采用三分制或五分制的量表（0分代表完全不敏感，满分代表极为敏感）来进行。

此时，所有销售人员或销售机构都需要估算自己的风险容量，例如卷入诉讼案件、名声受损、拖欠还款等风险。在深思熟虑之后起草计划与策略来规避敏感的消费者、管理潜在的敏感群体，这种办法要高明得多。这可能意味着你需要请朋友或亲戚出席销售会议。这也许意味着需要请别人参加一场简短且不会令人感到尴尬的测试。

财务脆弱性

事实上，许多人对于财务脆弱性一窍不通，毫无责任感或是因其感到困扰。他们非常容易因为“分期付款”而陷入购买债务的陷阱。他们很容易购买其实自己买不起的东西，承诺定期偿还绝对偿还不起的债务。许多人不了解利率的计算方式。有关人们财务素养的数据着实令人震惊。这意味着很容易便能利用数字蒙骗很多人。

然而，许多人认为，这种单凭媒体播放宣传便增加了养育孩子难度的观点是一种愚蠢的理念。不知为何，电视广告（甚至是电视节目）将儿童变成了非理性、苛刻且无法控制的野兽。如图 10.1 所示是公认的看法。根据这一模式，电视广告在儿童中间创造了（虚假、危险且昂贵的）欲望而非需求。这就使得（社会化程度较差的）孩子经常用肤浅的要求不断纠缠父母。父母试图拒绝他们的要求，但这会引发冲突，因此他们缴械投降，购买了一些超出他们承受能力的东西。孩子其实并不需要这些东西，这些东西甚至可能会对他们造成伤害。电视广告因而被视为了始作俑者。正如立法者所建议的那样，只要禁止了电视广告，就能轻松解决这个问题。

电视广告 → 欲望 → 要求 → 亲子冲突 → 父母购买

图10.1　公认的看法

认为单凭广告就能引发欲望的想法是极其天真的。确实如此。广告无法说服哪怕是最为轻信的观众去购买他确实不想要的品牌产品。

这种模式存在许多有趣的悖论。拥护这种模式的保护主义者认为，儿童不了解广告，但是同样地，他们想要得到广告中的一切。儿童年龄过小，无法理解电视广告的含义，但是他们却又受到了广告强大的影响，这大概是因为他们不了解广告的作用。

之所以会形成儿童是非理性且要求苛刻的个体的看法，部分原因也许在于人们认为自己容易被暗示和说服。甘特与弗海姆（1999）所展示的一个更为现实的模型，将包括来自父母、同龄人的影响，以及儿童自己对于购买行为、媒体及他们的购买力在内的其他几个强大的变量考虑了进来（见图 10.2）。

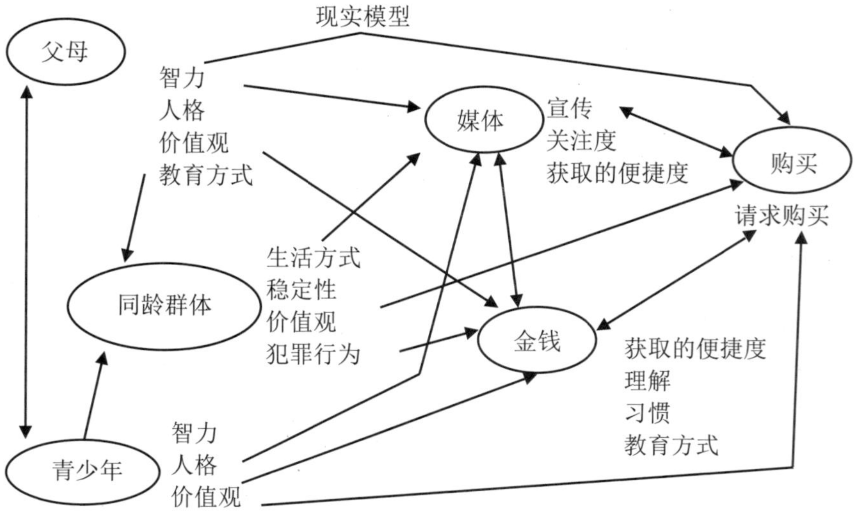

图10.2 现实模型

自信脆弱性

最后，自信脆弱性涉及到所有与谈判相关的社交技能的掌握。它意味着简单地说“不”，而不感到羞愧、尴尬或语无伦次，这让人感到舒适和自信。不知有多少人曾因为不知道该如何拒绝经验丰富、诡计多端的推销员而掏钱买下自己完全不想要的东西。这些推销员很清楚怎样操纵人的情绪，说服脆弱的买家买下产品。也许你也能回想起自己仅仅是为了避免感到不自在或尴尬，或是不想令那些用诚意和毅力感动了你的推销员失望而掏腰包的情景。

10.5 消费者决策

尽管人们十分脆弱，并且会被营销人员在广告中所使用的战术与策略说服，但是在做出购买决定时，我们并非完全（呃，也许会有那么一点儿）没有理性。

决策通常是为了实现个人设定的一个或一系列目标。消费者决策中一个根本性目标就是选择能够满足消费者相关需求（和欲望）的最佳产品或服务。在理想状态下，这个目标本身就能够解释整个消费决策。然而，我们人类会受到有限理性的制约，它告诉我们，在追求最佳决策的过程中，我们将如何因为自己在这个过程中所面临的局限性，包括我们有限的认知能力与时间而感到困惑。这些约束意味着，我们必须在准确决策这一目标与精选的目标框架所概述的其他几个目标之间进行平衡（见图 10.3）。

1. 使选择准确性最大化
2. 使认知努力最小化
3. 最大限度地减少决策过程中遇到的负面影响
4. 最大程度地简化选择的合理性

图10.3　更上乘的决策

我们必须要在每项决定中都实现这些目标之间的平衡。对于每个目标的重视程度，取决于所处的环境与消费者个人。显而易见，一项关键权衡，就是实现准确性和努力这两项目标之间的平衡。消费者在面对复杂的决策时，往往会采取潜意识中自动的启发式来帮助自己做决策。其中一种启发式，就是面临复杂的替代品选择的消费者对于非补偿性策略的使用。非补偿性策略指的是在选择时只考虑单一因素（例如价格），而非权衡多种因素优缺点的替代方法。这有利于简化选择，帮助消费者轻松剔除替代品。

在充满情感的决策中，将消极情绪最小化也是一个相关的目标。消费者会在面对将导致消极影响的选择时采取两种形式的决策：以问题为导向的应对和以情绪为导向的应对。前者需要对决策进行广泛的处理，其目的是最大限度地提高准确性并尽量减少负面结果带来的风险。后者则涉及回避型的行为，如不做选择，以便直接将负面影响（亦称忽略偏差）最小化。其最终目标是最大程度地简化选择的合理性。如果需要向他人证明自己的选择合情合理，这种做法有时就会在社会背景下具有重要意义。非对称优势指出，如果某种选择在所有相关因素上均胜过其他选择，那么这种选择就更有可能被选中。如果认为进行解释这一目的很重要，消费者就会采用这种方式。

决策的过程常常被视作消费者有意识完成的一项深思熟虑的任务。然而，决策也有可能以更直观、无意识的方式进行。这一点在使用了启动范式的实验中得到了最好的反映，它表明产品展示给消费者留下的前期偏见会对其随后的消费决策产生影响。假设人们会在环境的影响下优化行为，包括做出反应及学习到反馈的方式，从而使这条自动选择的路线得到演进。深思熟虑的道路可以有效地追求指定的理性目标，在这一过程中应用决策策略与逻辑。将决策划分为两条道路符合那些强调行为是自动选择的研究发现，因此必须被纳入决策模型之中。

然而，寓意深远的暗示向来不止一条。直觉与自动启发式通常在决策过程中很实用，因为它们需要的认知最少。但是，在某些情况下，它们可能会导致认知偏差。想一想下列可以用来影响他人的劝说原则。

礼尚往来

如果别人赠予了我们某样东西，或是善待了我们，我们就会感觉有必要回报这种善意的行为。有人建议所有人都应遵守这条规则。因为我们不愿欠人情，所以才会投桃报李。许多实证研究证实了礼尚往来这种社会规范的存在。

因此，为了劝说别人为你做某事，你可以先为他们做些什么。服务生会在送账单的时候为客人奉上糖果，希望这个礼物能够换取客人的小费。这时候他们就是运用了这项原则。加班帮助工作负担繁重的老板可以使他感觉亏欠了你，从而可以使他用积极的行为来回报你。

许多公司、超市甚至餐馆都制订了客户忠诚度计划，希望通过为客户提供折扣、优惠套餐或奖励积分来换取他们的忠诚度和再度光临。尽管这不是一种要求获得客户回报或是让客户产生亏欠感的策略，但是一些消费者确实会因为享有良好的服务或吸引人的忠诚度计划而考虑再次光顾同一家商店。

承诺与一致性

我们总是力求能够保持一致。当我们承诺要做某事时，就会为了恪守承诺而体验来自个人与人际关系的压力。社会不赞同反复无常的行为，认为这是一种不受欢迎的人格特质，因此我们会避免出现这种状况。微小的承诺也能够导致重大的行为改变。

有人建议，为了说服人们接受较大的请求，首先应在同一方面提出一些小请求，这样，人们很可能就会接受之后所提出的更大的请求，因为他们想要表现出一致的价值观和行为。当个人在网上做出一个小小的承诺时，你可以提高他们的合规性，让他们进行慈善捐赠，请求他们慷慨解囊。研究还发现，人们越来越愿意购买与他们之前曾经参与的事业有关的产品（例如，凡是购买某件产品，就可以向热带雨林保护机构提供一笔捐赠）。

类似的情景在日常生活中并不罕见。你是否还记得，当你想要购买的产品或是品尝的佳肴已经售罄时，你并未怒气冲冲地转身离去，而是选择了替代品牌或是菜品？虽然没有将内疚和尴尬等情绪反应考虑在内，但是仅仅因为我们希望避免任何尴尬并保持一致性，公司或销售机构就可以通过限制消费者的选择，轻易地将消费者的注意力转移到有时更为昂贵的替代品上。这种情况十分普遍。

10.6 社会消费者

作为一种社会动物，我们并不是在孤立的环境下做出决定，相反，我们身处人际关系、社区与社会的背景之下。因此，在思考个人的消费决策时，不可能不考察其对社会环境所产生的影响。社会影响通过各种隐式与显式的形式，以信息与规范的方式在消费决策制定中得以展现。

如前所述，群体对于决策影响的发展过程，是消费者社会化及他们日益意识到产品和服务是社会象征与社会地位标志所带来的直接结果。社会影响对消费决策的重要性日益增强，则可以通过消费者对于社会目标的日益重视而得到反映。

权威人士对人们产生了具有影响力和说服力的作用。米尔格拉姆于1974年所进行的著名实验，证实了权威人士在说服他人改变行为举止方面所具有的力量。100%的参与者认为电击量为300伏时，应将其标记为“强烈”，而65%的受访者认为最高电压达到450伏时，可能不利于健康。米尔格拉姆总结道：“成年人极度乐意不遗余力地行使权力，这是这项研究的主要意图。”

从呱呱坠地开始，我们就被教育要相信别人，听从父母、老师和社会的指导。我们会自动地信任权威人士提供的信息，并运用它们做快捷的决策。一旦有权力的人下达了命令，我们就会被要求停止思考并按照指令做出回应。

拥有大额预算的公司，可以通过聘请受人尊敬的名人，让他们在广告中为品牌代言，并说服他人购买产品来有效地运用这种启发式方法。慈善机构也经常聘请名人，以鼓励人们进行捐赠，如果获得了权威人士的支持，人们就会认为值得效仿他们的做法。我们也可以采用这种技巧，向别人暗示我们喜欢一种属于名人的小工具或汽车型号。如果名人拥有它，那么它一定是优秀的。

购买行为的自发性和冲动性也会受到社会认可这一愿望的驱动。恰尔迪尼（2001）引用了销售专家卡维特·罗彼特的话，提出："由于95%的人都是模仿者，只有5%的人是发起者，他人的行为比我们可以提供的任何证据更能说服人们。"当我们对自己的选择不确定时，尤其如此。如果我们发现一个决定模棱两可，就可能会将他人的行为作为正确的选择。同时，我们更有可能模仿年龄或背景与我们相似的人的行为。

人们发现，这种效应可以强烈地说服人们违背自己的本能。阿希（1951）在其著名实验中要求参与者指出一组线段中最长的一条，75%的人与给出了相同错误答案的人结成了同盟。实验后的跟踪调查显示，有些参与者被别人说服后认为该组的判断是正确的（虽然有些人只是说，他们不想冒险被人嘲笑）。这表明了社会证据的威力。

社会影响力会对消费者决策产生隐性影响，导致消费者的行为模式发生连他们自己都没有意识到的改变，并且甚至可以与消费者明确的态度截然相反。研究发现，当使用内隐联想测试方法测量对品牌产品的隐性消费观念时，得到的结果与参与者明确表态时的结果有明显不同。

消费者不仅是受社会影响的个体，而且是社会群体的成员。在社会群体中，个人的态度往往会遵从群体意见，因为他们的态度会向群体规范靠近。这种态度上的一致性会导致行为意图的一致，受到个人与其所在社会群体的认同度的调节。这种对社会联系的需求表明，即使在最小的组别范例中，个人也会自发地按照最小的、常常随意区分的因素将自己划分到社会群体中。阿希（1953）和其他人对于一致性的研究，强调了压倒一切的影响甚至可以对我们认为是客观不可改变的真理产生影响，因此是前面描述的规范的社会影响力的内在机制。由此，研究发现，公众和群体对于产品和服务的评价及意见能够影响消费者对它的感知，这一点不足为奇。围绕品牌、产品和服务建立的社区及其形成的影响力能够最好地表明这一点。这些主要由消费者所创建的社区在现代世界极其普遍，并与互联网和虚拟社区的出现紧密相连。博客和论坛的发展展示了此类社区的形态。

随着消费者和生产者对于技术和新媒体的使用，虚拟社区蓬勃发展。对生产者而言，虚拟社区提供了以高效、强大的方式迅速传播品牌认同与信息的途径。这样的平台也让消费者可以沟通，形成强大的围绕产品所有权或品牌使用的群体认同。因此，不能低估虚拟社区对消费者的社会影响力。虚拟社区对个人消费者所产生的社会影响日益受到关注。在其中一个模型中，无论是个人还是团体动机都会调节个人在虚拟社区中的参与度。个人动机包括全体成员的目标价值，即从参与诸如信息收集等预定目标中获得实用性；自我发现的价值，即发现更多关于个人的口味偏好和价值观的信息；保持社交连接；最后，增强个人的社会地位和社会认可。这里提出的社会动机基础是凯尔曼（1961）确定的，命名为合规性（规范的他人的影响）、内在化（自身与群体目标的相似性），以及认同（将自我观念与群体认同捆绑在一起）。

虚拟社区的独一无二在于各种因素集成的方式，以及人们如何与这样的社区发生联系，这在很大程度上受到虚拟平台本身性质的制约。例如，平台规定了成员之间相互联系的同步性与方法，比如实时聊天与上传视频。这些因素影响了平台的互动性，并可能导致针对不同虚拟社区生成广泛不同的群体行为和社会影响。可以形成两种形式的虚拟社区，主要是小型群体和网络社区。前者拥有更好的群内认同与团结度，而后者可以通过平台链接许多用户，尽管这种链接比较松散。这两种形式的虚拟社区反过来可以显著影响社区对个体消费者的影响方式。

背景和社会影响力对消费者的作用，对于更全面地了解消费者的行为和决策过程来说至关重要。现代研究已经强调了隐性社会影响力及更传统的、得到认可的显性社会影响力的影响。最后，基于网络的虚拟社区的扩散近年来没有出现减弱的迹象，并有可能极大地改变消费者社区的组织和运转方式。因此，仔细研究和监控虚拟社区的发展与影响是明智的，可以帮助我们更好地了解它的影响力。

10.7
服务与产品

随着互联网与网络超市的出现，今天的消费者所面对的产品和服务的数量与种类达到了前所未有的水平。强大的品牌认同的扩散也严重影响了当前的消费市场。产品组合与品牌认同的这两个特征将得到进一步的阐释。

从消费者如何做出决策的角度来研究，产品组合对于消费所产生的影响这个问题将变得尤为有趣。粗略来看，琳琅满目的产品，使得若干显著的好处脱颖而出。举例来说，给消费者提供多种选择本身就能为他们带来效用。这源于这种提供各种可供选择的方案的行为具有新颖性。多种产品也让消费者可以自由选择和表达个性。拥有更多样化的选择通常也意味着消费者将能够做出最适合自己喜好的选择决策，而不是接受一刀切的产品或服务。最后，多样化的产品也给了消费者寻求品种多样化、改变消费习惯的选择。

不过，产品多样化也存在成本问题和缺陷。没错，我们拥有太多的选择，这直接导致了“自由的暴政”这一术语的产生，尽管丰富的产品可以吸引消费者，而且产品本身还具有实用性。我们常常无法解释我们在随后的搜索和选择过程中所面临的困难。消费者被琳琅满目的产品吸引，但是随后的选择困难会带来明显偏低的满意度和购买率。更多的选择也淹没了我们在决策时的认知资源，可能会导致我们完全不做选择，这也被称为选择的悖论。造成产品选择满意度较低的另一个原因是，挑选到尚未选择过的更优秀的替代产品的机会增大，因此消费者会对现有选择感到不满意，因为他感觉还有更好的选择。

这些结果表明，必须要找到最佳的产品种类数量，才能在消费者效用方面平衡效益与成本。研究表明，这项任务没有那么简单。产品类型、相似性及制造商等因素也会调节各种感知。例如，人们发现，在一家模拟商店购物的参与者并不认为一家拥有 48 种产品的商店比只有 36 种产品的商店种类更为丰富。前提是，两家商店的商品数量相同，而且消费者最喜欢的（因而是最突出的）产品长期有售。此外，如果产品的摆放有利于消费者处理同一系列的产品（例如，按尺寸或风味），将有助于提高消费者对于产品种类的感知。最后，研究发现某些产品属性，如颜色和形状，会对消费者对于产品种类的感知产生更大的影响，这大概是因为从感知的角度来说，它们更加突出。这些研究向我们揭示了成为消费心理学基础的知觉与产品之间所存在的复杂关系。因此，需要进行长期、进一步的研究来建立更为清晰的消费者和产品之间的联系。

品牌形象

产品的概念与品牌密不可分。在今天这种品牌充斥着各国的生产和销售领域的背景下，这就显得更为真实。互联网的普及使得信息可以快速、便捷地在全球范围内传播，进一步促进了品牌的崛起。在现代化的背景下，品牌的概念变得与其所提供的产品和服务一样重要。显然，品牌影响着消费者决策。一个关键的问题是，它如何精确地对消费者施加影响？品牌存在于消费者心中，为他们提供知识结构，使消费者可以根据有关产品和品牌本身的相关信息构建框架。品牌是一种启发式，消费者可以根据自己对于品牌的看法，对品牌的产品和服务做出推论。一项研究发现，新产品与现有产品越相似，这种影响就越能转移到新产品上。这彰显了品牌是消费者判断新产品和服务的一种启发式方法。

以往，对于品牌形象及品牌如何获得象征意义的研究都集中在公司的角色上。然而，稳步发展的当代研究同样可以证明文化与消费者在创建品牌形象过程中的重要性。文化和消费者的作用植根于共同创造的理念，这一理念认为，个人对一个概念的理解基本上会受到其所属文化的塑造，但与此同时，又会通过因人而异的经验在每个人的身上呈现出独特性。人们已经创建了一个模型来解释公司、消费者和文化对品牌形象的影响。在这个模型中，文化被认为是赋予品牌意义的源泉和基础。因此，公司与文化共同创建了品牌形象，而消费者通过自己独特的视角对品牌形象进行诠释，共建了个体品牌形象。

消费者与品牌之间的关系就像一个复杂的网络，值得仔细研究。品牌不仅仅是产品质量和种类的指标，更是自我观念塑造所构成部分的文化资源，对于个体而言至关重要。由于消费者想要构建自我形象，个人购买品牌的产品和服务就会被用来构建基于品牌形象固有内涵的形象。此外，同一品牌的消费者往往结成品牌社区，这些品牌社区不只进行消费，还会与公司及其文化共同开展营销活动，共建品牌形象。

广告利用了生成特定品牌形象的有效性，这种形象可以创造即时、强大的关联。若干年前，凯文克莱（Calvin Klein）牛仔裤开展了一场颇具争议、极其性感的广告宣传，并且因此实现了收入翻倍。

这种广告只针对男性有效吗？还是说只对某些产品有效？如何衡量广告的效果：是对于广告、品牌的记忆，还是是否实际购买了产品？

商业广告的想法很简单：人们观看、收听或者阅读广告。他们回忆起品牌的名称、口号和产品。他们后来在商店、网络或其他地方认出并购买了这款产品。他们更信任进行过宣传的产品。优秀的广告会带来巨额的销售收入。

整个过程可以分为几个不同的阶段：人们留意到了广告；注意到了其中的图片、措辞与益处；了解并理解了这条信息，然后将其整合到他们的知识库与商业架构之中。

因此，广告代理机构会运用戏剧、幽默、性感和暴力因素来增强广告的吸引力，使其更加有趣、令人难忘。广告商试图诱发可以增强记忆的情绪和心境。

人们似乎喜欢幽默的节目，以及一些让人印象深刻的节目。但是，我们的任务是销售产品。广告制作完成之后，我们需要考虑的问题是应在何时、何地投放广告。包括成本和（电视）观众在内的各种因素均会对这一决定产生影响。

人们对于将广告置于与暴力或与性相关的节目中是否会改善或损害记忆进行了研究。三组受试者分别观看了暴力、色情及常规的电视节目，其中出现了九条标准广告。之后，受试者被要求回忆品牌的名称，并且从超市货架上摆放的相似品牌的图片中将它们辨认出来。第二天，研究人员再次致电这些受试者，请他们回忆这些品牌的名称。研究表明，常规节目的观众所记住的品牌数量最多，而无论性别、年龄、对于品牌的喜好程度如何，与性和暴力相关的节目似乎都会损害观众对于广告所宣传的产品的记忆。

也许人们更为关注与性和暴力有关的节目，或者说人们对此类节目的参与度更高，而对于广告这类刺激物的注意力便不可避免地会减弱。而且，人们相信电影中与性和暴力相关的画面会刺激他们产生相关的想法，从而进一步限制了他们给予广告的兴趣与关注。

然而，在广告中增加与性有关的内容并将其投放到与性无关的节目中会起作用吗？这样的广告会产生强烈的范·雷斯托夫（Von Restorff）效应："像一根疼痛的拇指一样引人注意。"但矛盾的是，这种效应会随着广告的不断播出而持续减弱。

这些关于品牌的见解拓宽了我们对于品牌与消费者、文化和公司之间关系的看法。这一研究领域与探索消费者在消费市场上日益增长的作用尤为相关，由于市场份额日益扩大的大型跨国公司正在不断发展，品牌及其影响力的研究同样至关重要。

10.8 道德与消费者幸福感

除了考虑消费者购买决策的机制与影响力之外，消费者心理学领域的一个关键问题就是如何在消费者幸福感的研究中应用这方面的知识。这方面的研究往往侧重于消费者健康方面的消费与行为，包括（但不限于）烟草消费、健康风险认知及自我形象等问题。自 20 世纪中叶以来，具有政治、道德及社会意识的消费者的数量也在不断增长，这就导致消费市场与消费实践产生了前所未有的变化，出现了用以影响生产和消费的、由消费者所驱动且领导的宣传和努力。

消费者幸福感

消费者心理研究可以应用到消费者健康行为与幸福感等领域。烟草消费最能反映出消费对于消费者幸福感的影响。数十年来，该领域已经获得了媒体的高度关注，这反过来也促进了大量研究的出现，尤其是对烟草产品广告影响力的研究。

最近的一项研究发现，广告在鼓励青少年吸烟一事上起到了显著的作用，往往使得青少年将其演变为个人一生的习惯。大量研究均证实了这一发现，其中包括追踪一段时期内青少年吸烟的意图与行为所发生变化的纵向研究。与消费者社会化的发展阶段相一致，青少年的吸烟行为会受到广告中吸烟的象征性社会意义的影响，例如认为吸烟是一种规范性的行为，以及吸烟具有正面形象等。有研究发现，较之成年吸烟者，青少年吸烟者明显更加注重消费畅销的卷烟品牌，彰显了青少年吸烟者对于社交品牌内涵的重视。这项发现也证实了上述观点。

研究人员还发现，烟草广告会对儿童产生内隐影响，方式是通过在学龄前儿童面前反复出现来增加品牌熟悉度。仅仅因为反复出现，广告诉求在人们心目中的真实性就会提高，这种现象被称作真实效应。或许这也能在某种程度上解释为何人们发现青少年吸烟者不甚了解吸烟对健康的影响，以及为何烟草具有让人上瘾的特性。因此，儿童和青少年显然尤其容易受到烟草消费广告的影响。此外，由于青少年吸烟者对于吸烟健康成本了解不足，这支持了有必要采取循证干预措施以保障消费者福利的观点。

对于健康成本的不甚了解也反映在公众对潜在减少有害物接触的产品（PREPs）——传统香烟的替代产品——所存在的健康风险普遍缺乏认识上。

专家们的普遍看法是，PREP 未必就比传统的烟草产品更安全。然而，研究发现，公众存在一种显著的误解，即认为 PREP 更健康。还存在一种可能性，“更安全”的替代品的存在导致了实际的烟草消费者的数量出现了净增长，因为一些人认为 PREP 风险较小，反而会购买此类产品。而在此类产品出现之前，他们也许完全不会去碰烟草产品。这种可能性也许会恶化上述现象。因此，循证知识与公众观念和行为之间的差距表明，人们需要更为深入地提升公众健康风险认知水平。

健康风险认知

之前的烟草消费的例子表明了健康风险认知与实际风险之间存在差距所形成的影响。至今，理论界已经提出了几个解释风险认知与行为之间联系的模型。其中较早的一个模型是健康信念模型，它通过个体的态度着重解释并预测了健康行为。这种做法为人所诟病，因为它未能解释风险认知与其所导致的行为之间的差距。理性行为理论试图通过分离行为性动作与行为本身的概念来解释这一点。然而，这种模式同样也遭到了批评，因为它无法解释意图和行为之间的差距。

计划行为理论假定，个人所感受到的对于情况的掌控感可以缓解风险认知、意图与行为。认知适应理论认为，自我乐观偏差（因此对于风险认识不足）实际上会导致更好的健康行为，因为这种乐观主义可以使个人免于遭受负面健康后果的心理风险。最后，梅农、拉古比与阿格拉沃尔（2008）提出了一个更广泛的模型，将健康风险认知的多个前兆与适度后果行为的风险认知因素纳入其中。

尽管该理论同样遭到了批评，但是梅农等（2008）所提出的模型准确地提出了将健康风险认知转换为行为的多方面的复杂过程。在以前的模型中调节风险认知的因素，如自我积极偏见、影响力和自我控制及其他因素一起得到了承认，例如风险与后果行为是否与个体的社会目标相一致。该模型也试图解释风险认知对后果行为所产生的影响，从而解决意图——行为差距。

梅农等（2008）确定了与健康风险同时起作用，对行为产生影响的四项相关风险，即执行风险（治疗不如预期最佳）、财务风险（投资回报率不如预期）、生理风险（决策造成的身体伤害）和心理 / 社会风险（心理健康和 / 或社会地位将受到决策的影响）。他们也认识到，健康决策的高风险性将健康消费决策与多数一般消费决策区别开来，因此为继续研究消费者心理学中的健康领域提供了支持。

因此，健康风险认知与健康行为之间的联系是人们依然在探索的一个领域。目前的研究强调了构成风险认知与行为之间联系的各种因素的复杂作用。因此，类似于梅农等（2008）所提出的模型的发展，起到了进一步促使我们了解健康消费的作用，这是一个具有广泛全球影响力的消费者心理学领域。

自我形象问题

如前所述，消费行为的目标之一是形成自我认同。这往往需要通过将产品和服务的象征性内涵，以及将自己与自己所处的社会环境，如内部群体与外部群体等进行比较来实现。尽管这种行为可以对消费者个人乃至整个社会有益，但是也有案例证实，这种行为也许会使消费者个人出现适应不良的状况，当这种行为走向极端时更是如此。人们用消费行为纠正对于自我形象的不满，并有可能发展到过度消费的程度。这种过度消费反过来又可以强化后悔与内疚，对于消费者而言，甚至可能会以螺旋式下降的方式强化这种行为。人们也发现，过度消费同样在两性冲动购物的行为中表现出了不同的方式。男性会购买可以反映独立的价值观及积极的生活方式的工具与休闲用品；而女性则会购买反映其对于外貌和情绪的价值观与自我表现的物品。

群体与社会认同也是消费行为与自我形象的理想背后的关键目标。不过，有人也许会说，媒体所鼓吹的一些价值观和规范也许有害且不受欢迎，例如，对于女性而言，理想的状态就是体型纤瘦。此类社会理想会对女性的身体形象产生负面影响，个人身体（因此属于自我形象）与个人所感知的社会理想之间存在差距会导致自我焦虑。现已发现，媒体对于纤瘦的完美女性形象的描绘，与神经性贪食症之类临床可诊断的心理健康问题之间存在重要关联。鉴于这项研究显示了感知的社会价值观会如何对消费者的自我认同与消费行为产生负面影响，显然，有关这种社会趋势及社会价值观对于消费者幸福的影响的研究，是消费者心理学中一个极为重要的领域。

恰尔迪尼（2001）描述了人们是如何看待社会价值观的，并且认为社会认可十分重要，个人也有义务遵守。他利用特百惠派对（Tupperware parties）来解释这个技巧。在这些派对中，某位特百惠销售代表会要求女主人召集她的朋友，女主人可以从所有的销售中赚取佣金。恰尔迪尼指出，人们之所以会购买特百惠的产品，并不是因为他们特别想要购买这些产品，而是因为他们觉得有义务这样做，这让他们喜爱的女主人能够获益。

恰尔迪尼（2001）列出了一些会导致喜好的因素。体态吸引力起到了重要的作用，研究表明，我们认为长相俊美的人拥有更多理想的特质，如善良和聪慧。我们喜欢与我们相似的人；不论我们是否拥有相同的意见、人格或生活方式，似乎都会出现这种情况。合作和为了实现共同目标而共同努力也会导致喜好。我们同样也会对赞美我们的人产生亲近感，相信并接受这些赞美，并且对这些赞美我们的人产生积极的感受。

消费者维权主义

总的来说，道德意识、政治意识与社会意识觉醒的消费者，是消费历史上出现的一种相当新的现象。产品与消费网络遍及全球，互联网和新媒体使得人们能够更加容易地共享信息、结成社区，这在一定程度上对这种现象的形成起到了推波助澜的作用。因此，我们无法继续认为消费者在消费实践中处于被动的地位，而应该将其视作可以与生产者互动，共同影响全球的生产和消费。企业日益意识到消费趋势的这种转变，诸如公平贸易消费提案与有机食品生产等企业社会责任（CSR）项目的增加，就明显体现出这一点。

企业社会责任包含两项目标：企业既要承担起商业责任（包括生产和销售在内的企业的运行方式），也要挑起社会责任的重担（对企业所在的社会负责）。企业社会责任的延伸，在很大程度上是为了应对消费者给予企业的压力，这反过来又被认为是因为生活在一个风险社会而引发出更大的消费欲望所造成的后果。风险社会指的是商品与服务的生产都带有次级成本或风险，如对环境的破坏。这种观点的支持者认为，消费者因此需要在决策的过程中将这些风险考虑在内。

消费者维权主义充分体现在这一行为上：消费者抵制。抵制是个体消费者通过联合对企业和行业施压影响的方式。然而，批评家认为，消费者维权主义的影响被过度夸大，在整个市场中的效果其实并不显著。这一点得到了研究的证实。这些研究发现，消费者维权主义与联合抵制并未使得被负面攻击的企业产品和服务的消费量出现显著下滑，企业股价也未下跌。这些研究本身并不支持毫无意义的消费者维权主义，而意在提醒人们警惕对于消费趋势和行为做出过度阐释。此类调查结果强化了需要通过全面的循证研究来理解现行的消费潮流的看法。

然而，过去也出现过成功的案例。绿色和平组织是一个国际知名的非政府团体，旨在通过各种宣传活动来保护环境，如阻止制造企业采伐森林或是在产品中使用有毒的化学物质等。2010 年，雀巢公司停止采购棕榈油，因为这会破坏印度尼西亚的雨林。2011 年，全球前三大运动服饰品牌耐克、阿迪达斯与彪马，同意在 2020 年前消除其供应链排放至环境中的所有有毒化学品。

10.9 结论

本章审视了消费者心理学领域在当代所取得的发展，概述了与个体消费者、社会消费者、市场中的产品与服务，以及道德与消费者幸福感等有关的重要发现。本章的学习显示了已经开展的研究所具有的宏大规模，以及消费者决策模型与现代消费趋势等问题的复杂性。本章所提及的研究还能指导我们认可进一步采取综合研究的必要性，尤其是在该领域中的特定范畴。

最后，消费者心理学领域的快速发展已经并将继续令人兴奋，它与企业及身处全球化的世界之中的每一位消费者之间都存在着极大的关联。